K교수의 건축수업

Professor K's Pedagogy
for Architectural Design Studio

2023년 4월, 구영민과 그의 제자들이 만들다

Professor K's Pedagogy for Architectural Design Studio

Prologue

PROLOGUE

농부와 교수

"우리는 모두 건축가였어, 5살 난 아이가 나무 블록을 가지고 싱싱한 상상력으로 성곽이나 배, 궁전을 만드는 걸 봐. 테이블 밑이나 옷장 뒤에 숨어 그걸 동굴이나 밀실, 둥지로 상상하고 놀이에 빠지는 걸 봐. 소년은 나무에 올라가 이 공간에 서식하는 새로운 지평선을 발견하고는 환상에 젖어 집을 만들고 도시를 만드는 꿈을 꿀지도 몰라."

프리드먼 교수(Jonathan Block Friedman)가 그의 책 「공간에서(의) 창조(Creation in Space)」의 서문을 여는 글이다. 뒤이어 그는 인간의 공간 창조 능력을 획일화하는 공공교육의 문제를 지적한다. 그에 의하면 이 어린 건축가들이 적어도 12년간의 공공교육을 받으면서 선천적인 공간 인지능력을 상실하게 된다는 것이다. 아이들은 자라나며 상급과정을 듣게 되지만 공간 인지능력에 관한 교육이 병행되지 않아 성인이 되어 건축을 공부하려 할 때 장애가 된다는 것이다. 우리네 교육도 다를 게 없다. 대학시험에 맞춰 평면적으로만 교육을 받아 온 학생들은 불행하게도 공간을 활용한 창조의 본능을 잃어버렸다는 점에서 그의 지적에 동의한다. 나는 매년「건축학 개론」이라는 과목에서 프리드먼 교수의 서문을 인용해왔다. 학생들의 사기를 북돋워 주기 위한 목적도 있지만, 건축교육에서는 교수와 학생이 비전을 공유하는 관계로 발전해야 한다는 것을 강조하기 위해서다. 또한, 그러기 위해서 교수는 무엇인가를 가르치려고 하기보다는 한겨울 동안 딱딱해진 땅을 개간(開墾)하는 농부의 마음으로 초등학교부터 중, 고등학교까지의 공교육을 통해 딱딱해지고 무뎌진 마음 밭을 가는 일(cultivate)에 집중해야 한다는 점을 스스로 다짐했다. 르코르뷔지에도 학생들에게 건축을 가르치려 들지 말고, 차라리 자연으로 데리고 나가 무언가를 발견하게 하는 것이 더 나을 것이라고 하지 않았는가?

고찰과 개입 investigation and intervention

오래전'틈의 다이얼로그'라는 제목으로 책 한 권을 냈다. 여기저기 게재되었던 건축 평론을 한데 모은 책이다. 2년 전엔 같은 명제로 건축개인전을 열었다. '틈'은 도시를 바라보는 안목을 나름대로 철학적 주제로 연명시켜 온 개인적인 화두다. 책에서'틈'은 간극(間隙)의 의미로 썼는데, 극(隙-틀어짐, 갈라짐)에다 초점을 맞추고 있다. 반면 전시회에서는'틈'이 단순히'충격'에 의해 벌어진'~의 사이'가 아니라 - 그래서 비극의 시작이 아니라 - 쪼개진 두 존재자에게 관계를 맺게 해주는 새로운 열림의 의미로 썼다. 따라서 앞의 틈이 기능적이라면 후자는 관념적이라 할 수 있다(하이데거가'틈새-der Riss'라는 단어를 채택한 이유와 같다. 붙어 있던 것을 분리하면서 동시에 새로움을 야기하는 이중성을 포함하고 있다는 점에서 그렇다).

한편, 다이얼로그는 말(言)이다. 태초에 말이 있었고(In the beginning was the Word- John1:1), 관념을 교환(소통)하게 해주는'관계'가 성립되었다. 그러므로 로고스를 가로지르는 다이얼로그 자체가'틈'인 셈이다. 다이얼로그는 타자와의 관계 맺기에서 본질적인 형태를 이루게 되는데(메를로-퐁티), 말하고 행동하는 주체의 정체성은 타자들(나 또한 타자들이다), 낯선 언어-나 밖으로 전개되고 있는 시간적 공간적 타자들-와의 지속적인 만남을 통해 구축되어 간다. 그러므로 「틈의 다이얼로그」는 근본적으로 가역(可逆-reversible)적인 동일자와 타자, 주체와 객체의 이중적인 관계가 만들어 내는 불완전의 상태를 유지하며 대지와 건축, 도시의 관계를 지속해서 열어 놓는다. 예컨대 대지와 건축 사이에서'사이'는 서로의 경계를 탄력 삼아 각각의 영역을 감염시키고 끊임없이 의미를 생성하게 해주는 중간자(agency)로서, 이질성, 복합성이 상호 개입하고 침투하는 장이며, 이쪽과 저쪽의'차이'를 연장하여 다시 들여다보게 하는 장치가 된다. 그러므로 도시 속에서 틈은'(관념적으로)채워진 보이드'다. 끊임없이 고찰해야 할 영역이며, 건축은 이 보이드가 콘텍스트에 능동적으로 개입하도록 해주는 스토리텔링이다.

PROLOGUE

철학적 시선과 대지의 재발견

도시의 역사(시간/사건)가 전개되는 양상은 연속적으로'틈'을 발생시키는 균열(龜裂-crack)의 메커니즘을 닮았다. 도시가 성장하면서 다각적인 충돌로 생겨난 균열의 자국은 도시 구조를 계층화하고 역사의 편린(debris)이 쌓인 켜(layer)를 관찰할 수 있게 한다. 도시(대지)를 역사(시간)적으로 연장할 때 그 구조가 시각화되기 때문이다. 대지에 관한 끝없는 고찰과 탐색은 건축 디자인과 교육의 관건이다. 그러므로 디자인 스튜디오는 선생과 학생의 다이얼로그를 통해'틈'의 정체를 철학적 시선에서 공유하고'관계'를 열어가는 능동적 보이드의 역할을 한다.

이 책에 소개된 졸업설계 작품들은 도시에서'사이(간극)'를 조장하는'균열'의 메커니즘을 도입하여 대지와 건축의 관계를 추상화하는 작업에서 출발한다. 여기서 텍스트의 지속적인 와해는 연속적으로 일어나는 균열의 과정을 유추하고, 틈은 주어진 대지 속에서 관념적 경계상황을 연출한다. 따라서 이 작업은 대지에서 발견한 경계상황의 다양한 견지를 스토리텔링으로 엮어 건축으로 재현한 과정이다. 이러한 작업이 충동적(임의적-arbitrary)이거나 비논리적으로 보일 수 있지만, '임의성(카오스)이 스스로 논리를 구축한다(arbitrariness makes its own logic)'는 가설에 의지한다면, 여러 갈래에서 대지를 고찰하고 재해석하며 건축적 개입을 시도할 수 있게 된다.

대중 매체와 전자 이미지, 그리고 원격통신 등에 의해'실측(實測)'의 개념이 위기를 맞게 된 오늘날, 계획평면이나 마스터플랜 등과 같은 관례적인 작업을 통해 현대 사회에서 일어나는 역동적인 과정을 파악하기란 어려운 일이 되었다. 따라서 건축 실무에서든 교육에서든'보기, 읽기 그리고 쓰기'에 대한 지속적인 개조를 통하지 않고는 새로운 건축적'개입'을 시도하기가 힘들 것이란 생각이 든다. 세상의 정보와 지식은 늘 변화하기에 기존의 지식과 지식, 정보와 정보 간의 관계를 새롭게 엮어 줄 철학적 사유 없이는 진리에 부응하는 새로운 지식을 생산할 수 없기 때문이다.

CONTENTS

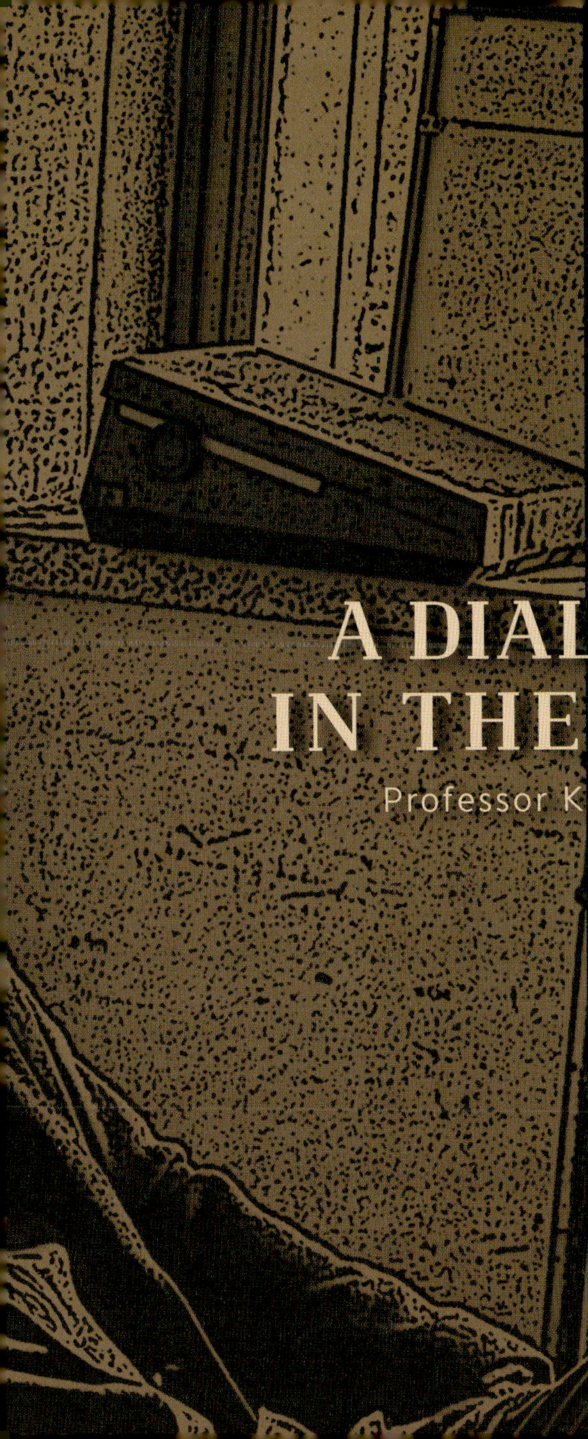

A DIALOGUE IN THE RIFT

Professor K's PORTFOLIO

01

01

도시를 바라보는 7개의 시선

이 작업은'사이(間隙-interstices)'를 탐닉하는 건축기행의 개인적인 기록이다.'~의 사이'에 존재하는 개체가 아니라 그 역할을 하는 대상을 찾아가는 일이다. 리치츠키(El Lissitzký)의 「PROUN」, 슈비터즈(Kurz Schwitters)의 메르츠바우(Merz Bau)가 회화와 건축, 그리고 조각과 건축 사이의 전이(轉移) 단계에서 멈추듯이, 이 작업은 도시에 내재한 중간성(osculant)-혼합된 대상에 내포된 두 종류의 공통적 특징-에 집중한다. 그러므로 이 작업은 어느 것이나 될 수 있는 동시에 아무것도 될 수 없다. 그것은 스스로 불완성(不完成)의 경지를 추구하며 이쪽과 저쪽의'차이'를 연장하여 다시 들여다보게 하는 장치가 된다. 대지와 건축 사이에서 서로의 경계를 탄력 삼아 각각의 영역을 삼염시키며, 서로의 차이를 들여다보게 해주는 매개체(agency)로 멈춘 것이다.

이 작업은 지속해서 와해하는 도시의 콘텍스트를'균열(crack)'의 메커니즘으로 제도(製圖)하며 도시와 건축의 관계를 추상화한 것이다. 여기서 벌어지는 틈은 도시 안에서 '(관념적으로) 채워지는 보이드(filled void)'의 형상을 취한다. 이 능동적 보이드(active void)는 익숙해진 여행의 관습을 떠나 아예 판 자체를 다시 짜는 전략적 해방의 공간으로 나가게 한다. 또는 이딸로 깔비노(Italo Calvino)의「보이지 않는 도시 Le cittaá invisibili」에서처럼 도시가 갖는 특이성(singularity)과 보편성(generality)을 조작하며 베니스를 여러 도시의 풍경으로 각색하는 작업과 같다. 마르코 폴로(Marco Polo)의 스토리 텔링은 도시란 단일한 것(베니스)인 동시에 집합적인 것(세상의 모든 도시)이며, 현재(도시 속에서 사람들이 살고, 죽어 가는..)라는 시제 속에 포함된 과거(도시의 역사와 전통)인 동시에 미래(사회와 건축이 이룰 수 있는)라는 사실을 자각하게 해주기 때문이다.

여기 소개되는 드로잉과 모형들은 땅 위로 솟아오른 시간으로부터 전개되는 형식적인 대지 분석을 탈피하고, 땅속으로 스며든 시간 속의 대지를 읽어 내려가는 전략에 대한 일련의 실험들이다. 즉, 도시의 지배적인 구조 속에 잠재된 열성 형질(劣性 形質)을 탐색하고 변칙적인 상황과 대립성을 찾아내는 과정의 기록이다. 또한, 발견된 속성들을 제거하거나 다듬는 작업이 아니라, 이들을 개념의 전면부에 내세워 확장된 관념을 포착하고 도시탐색 노정(路程)의 시발점으로 삼으려는 것이다.

NO MAN'S LAND

노스탤지어
사라진 시간에 대한 회한보다는
미래의 상상으로 채워지는 것,
No Man's Land
반쯤 완성된 프로젝트,
반쯤은 폐허로 남겨진 유적,
우연과 미봉책으로 엮어진
절충주의적 혼란함 속에서
혼돈과 모순으로 흔들리는 비스타
그 속으로 파고드는
응집되고 지속적인 상상의 지형도는
시간을 보존하는 신비의 장소를 기원한다

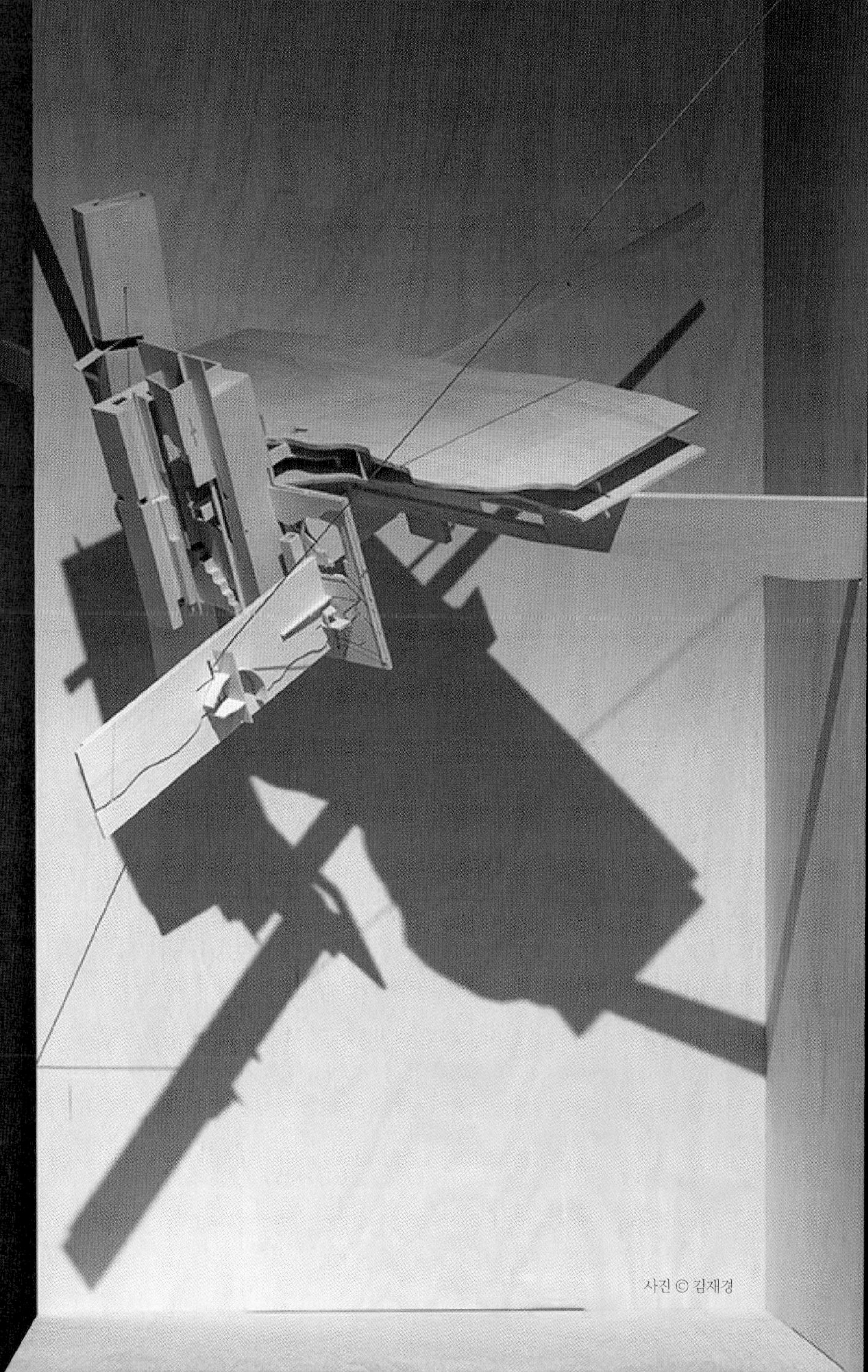

사진 © 김재경

Totem - Cognitive Towers

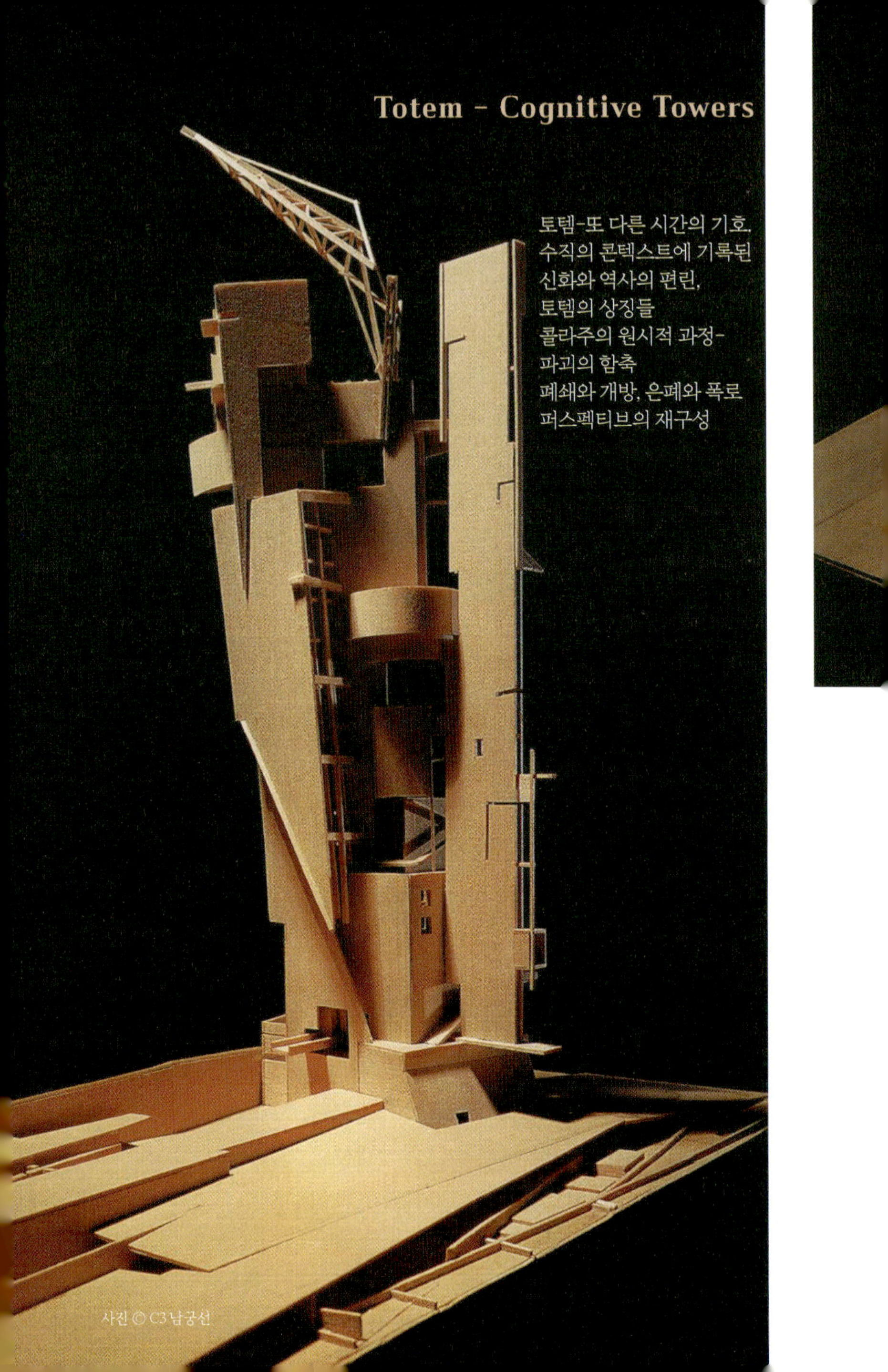

토템-또 다른 시간의 기호.
수직의 콘텍스트에 기록된
신화와 역사의 편린,
토템의 상징들
콜라주의 원시적 과정-
파괴의 함축
폐쇄와 개방, 은폐와 폭로
퍼스펙티브의 재구성

사진 © C3 남궁선

사진 © C3 남궁선

Tomb-horizontal tower

무덤, Blurred edge
도시의 가장자리에 밀집된 낙원의 은유적 부재
미완성과 비대칭, 솔리드와 실루엣이 만들어 내는 애매한 언저리
폐허에 대한 취향이 로코코의 괴기함을 새어나게 하다.
보이지 않는 도시-무덤 속에 감춰진 대상들,
부재의 현존, 현존의 부재

(De)park upon GRAFfiTi

Homer의 도시
폐허 속에서 살아나는 노스탤지어의 촉감
조각난 도시의 기억들은 시간의 앙금으로 가라앉고
희미한 기억들은 공중으로 증발하면서
Troy의 열한 개 켜를 지나다.

IN THE REAR WINDOW

이창(裏窓) 속 도시풍경,
방치된 무대 장치, 파편들의 보고(寶庫).
어둠 속에서 드러나는 도시 일상의 해부도
건물과 기념비, 그리고 하부구조들로 이중 인화되는 몽타주
산업시대의 고고학, 남겨진 유물들이 품는 신화
Diocletian 궁의 분열
Marcellus 극장 속의 집합적 기억들

Urban Pagoda

양가성의 도시의 ambivalence
패러독스의 상호오염
균열의 신화-틈
감시와 은폐가 중첩되는 경계의 아이러니

사진 © 김재경

City Shed
attributed to Fortuitous Imbroglio

도시의 헛간, 방치된 중성의 기표
퇴화한 문명의 침전물이 쌓여 가는 곳
시간의 순환 속에 분출하는 순간의 포착
도시 문명의 껍질이 벗겨지며
도시풍경의 주마등이 재코드화 되다.

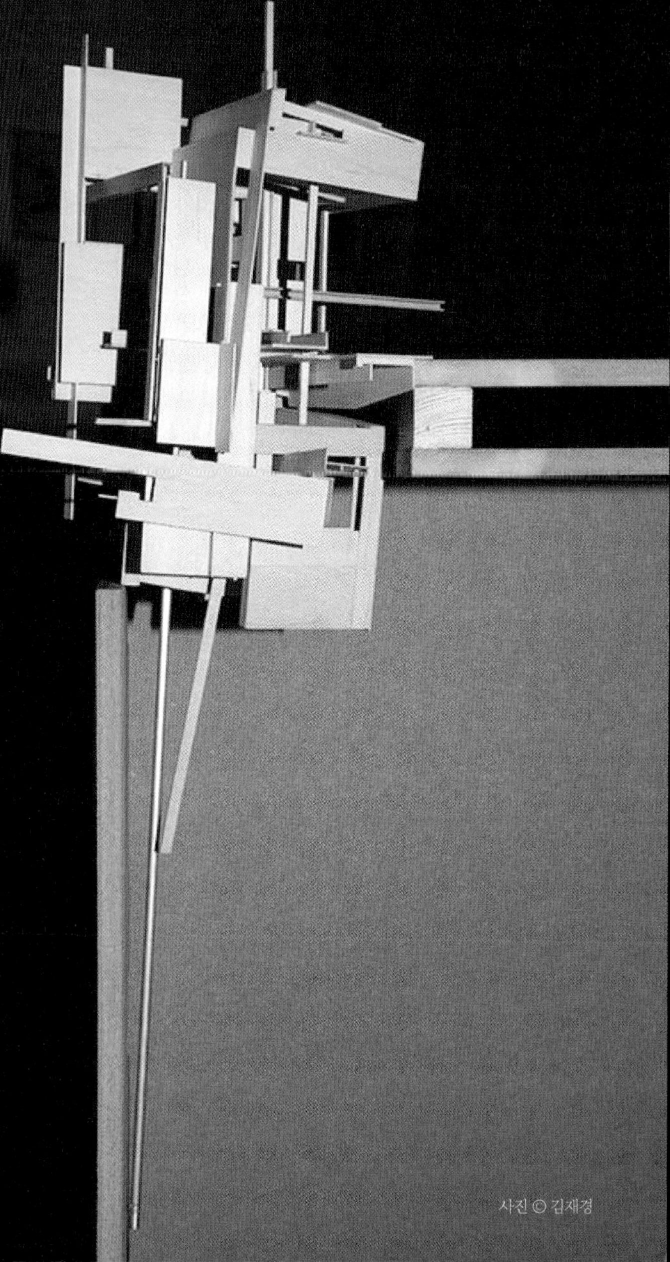
사진 © 김재경

02

02

Imageable Plateau_Masquerade City

인천은 가면의 도시인가? 그렇다. 서울을 표상하는 가부장적 인식체계 속에서 이미지뿐만 아니라 도시 공간으로서도 주체적 신체이기보다는 하나의 통로(path)로 규정될 뿐이었다. 서울의 욕망이 유형화됨으로써 실체를 얻는 도시, 인천은 가면을 쓴 채 서울에 대해 자신을 덧코드화한다. "Masquerade"는 권력의 시선에 반발하는 시위(示威)다. 도시에서 주변화되고 억압돼온'틈'을 향한'응시(gaze)'이며, 억압됐던 친밀함이 부상하면서 유발하는"낯선 두려움(uncanny)"에 익숙해지려는 몸부림이다. 무엇을 응시하는가? 경직과 이완 사이를 채운 공간을 응시한다.

권력에 의해 부단히 외부자가 되는 탈존자(Ex-sistenz)로서 인천의 자아는 얼굴을 통한 인지 방식에 공격을 가해'친밀한 다른 존재'라는 표상을 불러일으키고 낯섦을 부여하려는 것이다.
대지는 무엇을 상상하는가? 인천 배다리에서 화도진으로, 북성부두로부터 화수부두에 이르는 순례의 이미지, 경직된 도시의 가면으로 위장된 "인천의 부드러운 시간"을 상상하는 것이다. 경계를 가로질러 가며 원래의 고향에서 영원히 흩어진 사람들로 구성된 정체성의 형태를 그리려는 것이다. 이 작업은 차이로부터 획득된 변환의 정체성, 유목민의 영역을 응시하는 가면 속의 시선, 폐허의 일상으로부터 발생하는 도시의 서사를 구상하는 단서를 찾고 있다. 그리고 이 단서들은 스페이스빔의 폐허, 『고양이를 부탁해』, 바쉘라르의 공간, 샤피로의 페마주와 부딪히며'사건'을 재코드화하고 인천의 스토리를 각색한다.

Compressed Horizon
Abridging a City of her horizontal penchant

Oneiric Living in the Vertical Fantasia

Laputan Plateau
with four rooms to be remembered

Utopian Relics
City Shed attributed to Fortuitous Imbroglio

03

03

mismatched LANDSCAPE

현대도시는 '신화의 새로운 징후와 현대성의 환영이 나타나는 주요 장소', '폐허', '충격', '지속적인 고통과 갈등의 장소' 등에서 경험된다(벤야민). 즉, 도시는 '온통 삶으로 이루어진 풍경' 임을 기억해야 한다. 그리고 이 풍경이 곧 생태의 재현임을 새겨두어야 한다. 한마디로 도시 랜드스케이프는(생태적) 관계성의 총체다. 눈으로 보는 것이 아니라, 요소 간의 작용과 관계의 방식을 체험하는 것이다. 완성된 형태보다는 시·공간적 관계를 형성해 가는 프로세스에 관한 것이다. 완성된 듯 보이는 도시풍경은 대개 짝짝이다. 역사를 시간의 기념비로 상정(想定)하는 권력의 시선에 저항함.

사진 © 김재경

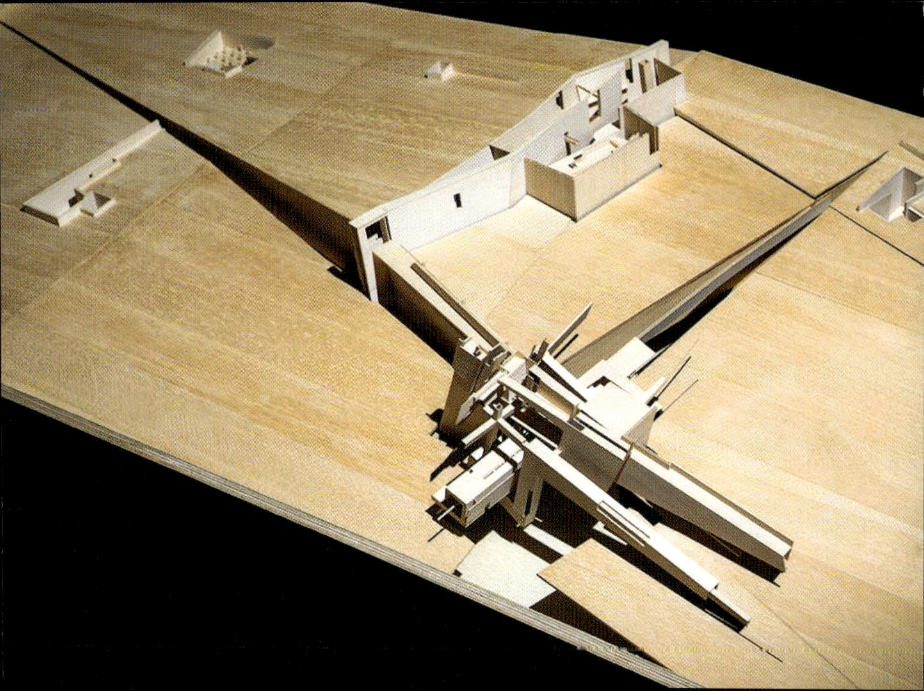

사진 © 김재경

ABOVE
A Garden in the Machine

LEFT
A Stigma to the Modern

ABOVE
Ahistorical RE_stoRE_up

RIGHT
Office

사진 © 김재경

사진 © 김재경

LEFT
Escher Framed

RIGHT

Chronos vs. Kairos

사진 © 김재경

PORTFOLIO

GRADUATE THESIS

GRADUATE THESIS
Pedagogy for Design Studio

졸업설계 : 새로운 장르의 탄생

디자인 스튜디오는 선생과 학생의 다이얼로그로 만들어진다. 여기서 선생과 학생의 관계는 호혜적이다. 즉, '선생과 학생'이라는 기능 분담보다는'선생의, 선생의, 선생의..'이라는 역할을 반복해서 나누게 된다. 일반 과목과 달리 디자인 스튜디오에서는 학생의 준비 없이는 수업을 진행할 수 없기 때문이다. 그러니 학생은 없고 선생의 역할이 확장된다. 특히 졸업설계 스튜디오에서는 학생이 대지와 프로그램, 재현의 과정을 스스로 선정한 만큼 기능적인 대답 대신 질문을 독려하는'선생'의 무대가 만들어져야 한다. 확실히 졸업설계는 긴 훈련과정에 방점을 찍는 긴장과 흥분의 순간이다. 5년간 받은 교육을 평가받고 능력을 인정받는 마지막 관문이기 때문만은 아니다. 이 흥분은 교육과정을 통해 학생 스스로'믿게 된 것'을 확언(確言)하며 최초로 전문가(professional)의 자존감을 획득하는 데서 오는 것이리라.

대개 학부과정에서 건축 수업은-건축 예술의 측면에서-공간을 조율, 표현하는 전문성을 통해 삶의 터전을 형상화하는 자율적 훈련이라는 전제를 기본으로 깔고 있다. 그런데 졸업설계는 이러한 자율적 예술의 속성과-문화적, 정치적, 사회적, 기술적, 지적 담론과 맞물리거나 겹쳐지며 생성되는-비자율적 속성의 충돌이 만드는 대립에 직면하게 한다. 다시 말해 이전의 학습이-건축교육의 중심으로부터 밖을 향한-'how to'에 관한 것이었다면 졸업설계에 이르러서는 건축 훈련의 주변부로부터 중심에 있는 전제를 향해 던지는'why (not) to'의 질문이 핵심이 된다. 그러므로 졸업설계는 학생 각자의 문제의식으로부터 출발해야 한다고 해도 과언이 아니다. 질문의 꼬리를 물고 확장되는 질문은 끊임없이 변화한다. 생각이 막히면 질문을 바꾸면 된다.

새로운 시선을 갖기 위해서는 부적절한 대답 대신 질문을 독립적이고 철학적으로 바꾸는 편이 낫다. 문제를 새로운 시선으로 바라본다는 것은 이미 만들어진 판 안에서 다른 것들에 대응하는 형태로 자신의 행동을 결정하는 것이 아니라 아예 판 자체를 다시 짜는 전략적 사고를 하게 만들기 때문이다.

이 책에 소개된 작품은 대부분 대지 선정부터 문제를 제기한 사례들이다. 주어진 대지가 주변과 어떤 관계를 맺고 있는지, 어떤 열림을 제공할지, 그리고 주변 상황이 도시 전체에 대해 안고 있는 심리·문화적, 사회적, 정치적 관계는 무엇인지를 고찰하는 동안 수없이 많은 질문을 던진 결과다. 따라서 애초에 학생들에게 추상적인 어젠다(agenda)를 제공해주는 것도 도움이 된다. 예컨대 도시의'무인지대(no man's land)'를 찾는 작업은 대지와 이질적인 지식과의 연결을 통해 대지를 개념화한다. 그리고 개념은 연상(聯想 associative thinking)과 은유를 통해서 지식과 지식 간의 새로운 관계성을 찾아주고, 자신의 세계를 전략적으로 확장하게 해준다. 기존의 지식과 지식, 정보와 정보 간의 관계를 새롭게 엮어서 만들어 내는 시도는 새로운 지식의 탄생을 겨냥한다. 익숙한 것과의 결별을 선언하는 것이다. 그러므로 졸업설계는 장르를 만드는 문화적 작업의 첫걸음이며 제4의 물결(4th wave-Rolf Jensen) [1]을 주도할 '꿈의 사회(Dream society)'를 구축하는 기초 작업이라고 믿는다.

---

1) 「꿈의 사회」 저자 Rolf Jensen은 "앞으로 지식 정보의 경계는 꿈과 감성에서 촉발되는 "제4의 물결"에 의해 곧 붕괴할 것이라고 주장하며 제4의 물결의 핵심 키워드로 "story-telling"을 언급한다.

TOPOGRAPHICAL ARCHAEOLOGY

고고학에 있어 '지형'은 '대상'이 될 수 없다. 근본적으로 고고학이란 지형을 훼손하는 '발굴'을 전제로 하므로, 지형은 발굴하는 대상을 위해 필연적으로 가치판단의 뒤 편으로 물러나야 하는 '비-대상, 일 뿐이기 때문이다. 지형적 고고학(Topological Archaeology)은 지형 자체를 고고학적 발굴의 대상으로 삼는 일종의 모순적 행위로써, 도시가지형적 근원을 잊은 채, 자연지형을 인공적 퇴적물로 뒤덮고 있는 상황에서 지형성의 가치를 탐구하기 위한 저항적 건축행위이다.

void와 두개의 선형은 상호작용하는 것으로, 지하의 void 공간 안에 사라진 지형적 유물들을 전시하는 것이 '과거 지형사(史)적'이라면, 상부의 강으로 진행하는 두개의 선형은 공원과 강을 관계시킴으로 인해'미래 지형사(史)적'이라 할 수 있다. 다시 말해, 건축이 공간적으로 과거의 지형사를 내포함과 동시에, 형태적으로는 미래 지형사를 표출하고 있는 것이다.
이것은 상부에 현존하는 서울숲과 상호작용하는 지형사 박물관을 위한 것이며, 도시 내 공공 영역에서 '현존(present)'과 '부재(absent)', '가시적인 것'과'비가시적인 것', '규율'과 '이탈'같은 상반된 가치들이 변증법적으로 지속되게 하기 위한 장치이다.

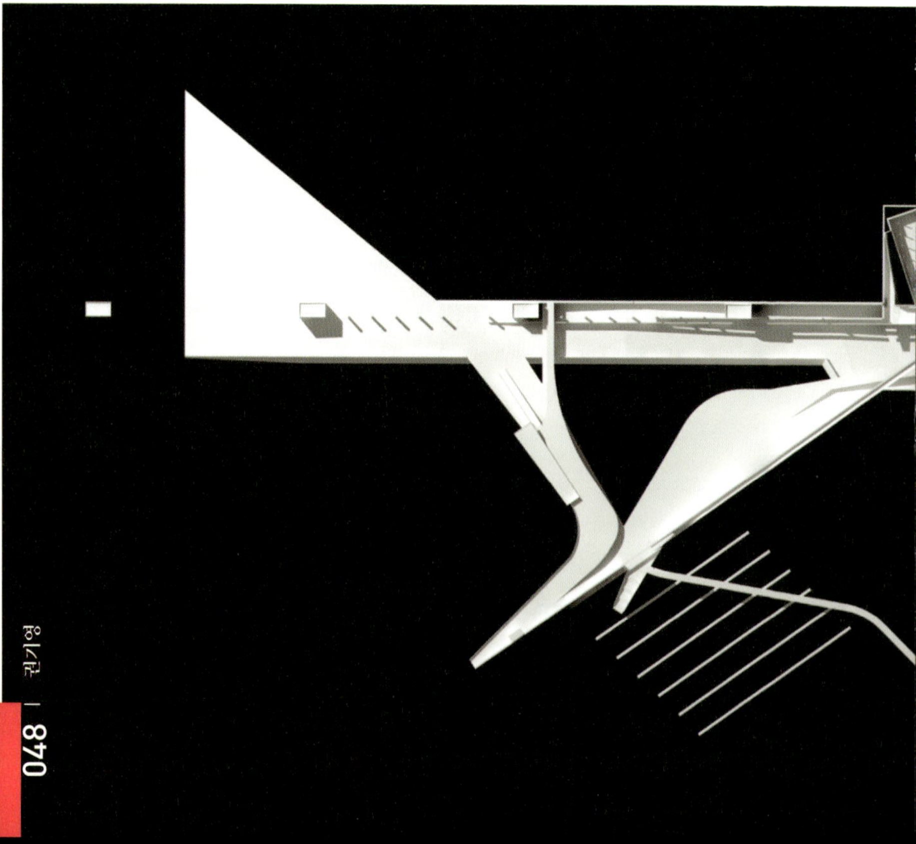

D

The Museum of Topographical History in 1920'

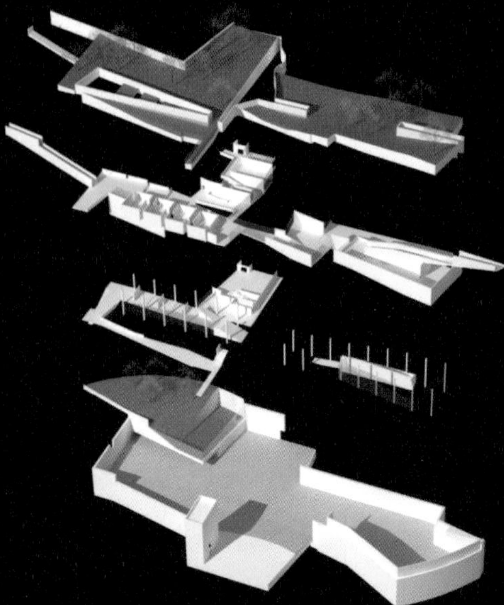

Space Volume Diagram

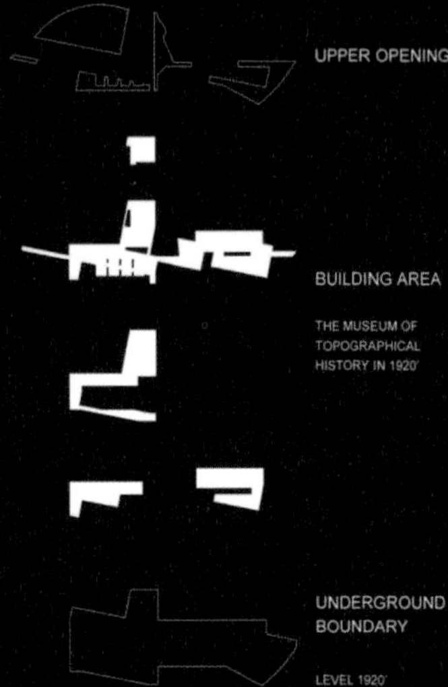

section A 50 m

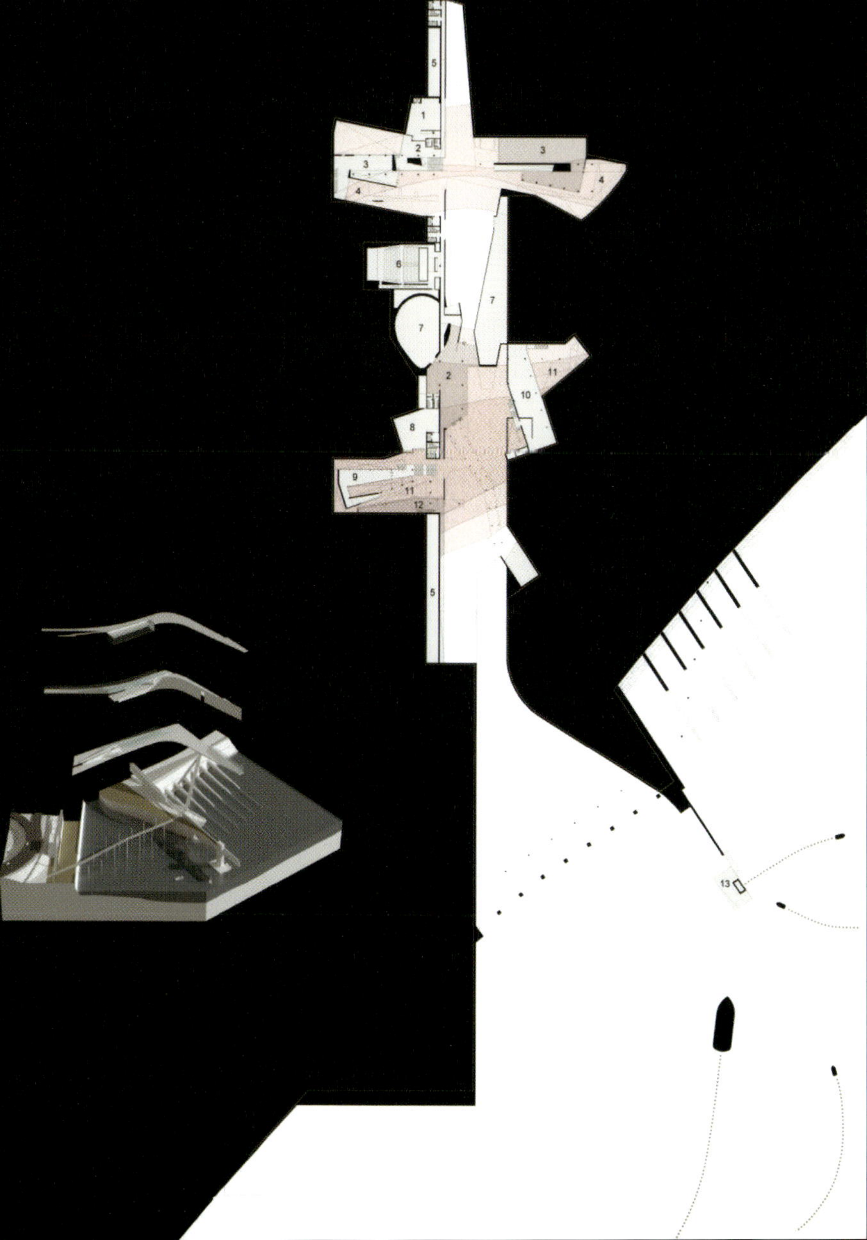
5
1
2
3
3
4
4
6
7
7
2
11
10
8
9
11
12
5
13

ENGINEERED PROMENADE

Despite of the geographical crisis involved in the built environment, it is true that both urban and architectural designs are often proceeded hastily without specific knowledge on physical geography or topographical physiognomy. In particular, in the case of Seoul, surrounded by mountains, rapid urbanization and city expansion has left topographical scars all over the city, of which some clearly reveals the disastrously chopped section of nature. Such sight not only spoils the beauty of the city but also kills the sense of place indigenous to the site. Premising the fact that the configuration of land itself retains the sense of place within the urban context, the study insists on how to create 'Green space' as a new urban system and creative socialization through architectural representation.

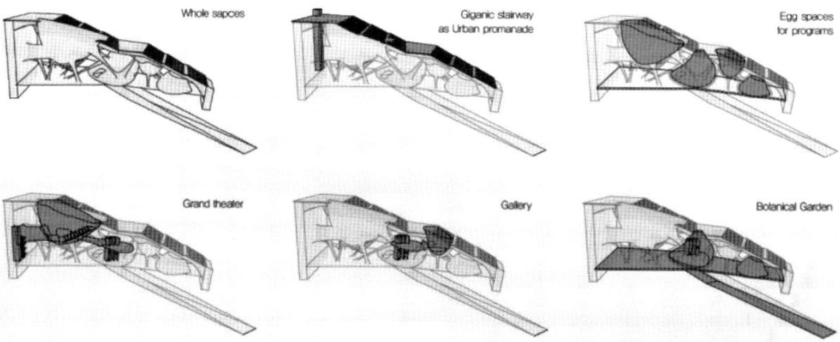

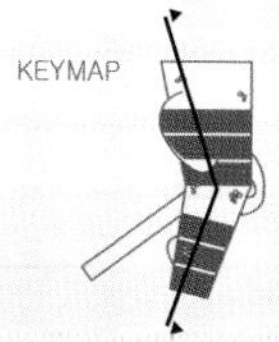

1 Botanical garden
2 Flower Garen
3 Hall
4 Cafe
5 Shop
6 Gallery
7 Outdoor garden
8 Grand theater
9 Outdoor performence

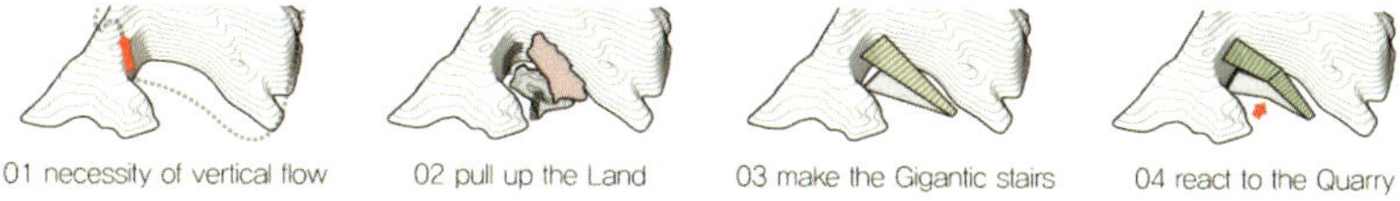
01 necessity of vertical flow
02 pull up the Land
03 make the Gigantic stairs
04 react to the Quarry

SITE as VOID

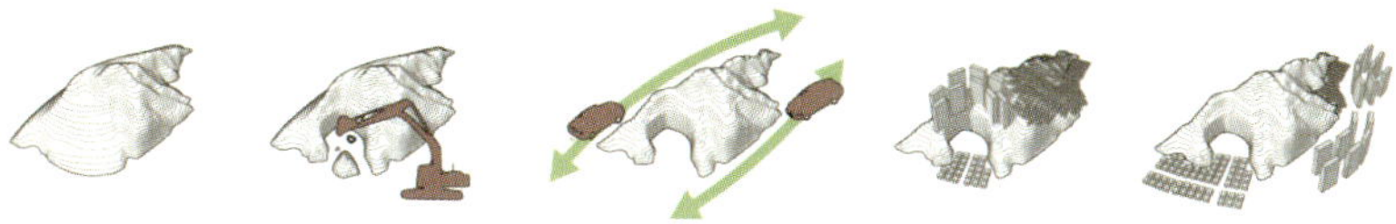

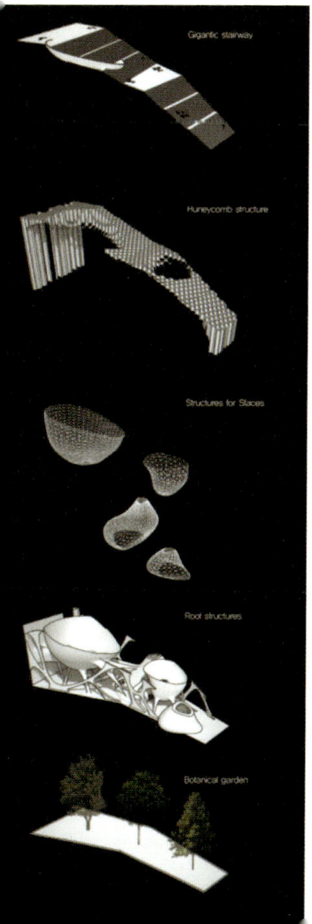
Gigantic stairway
Huneycomb structure
Structures for Stacea
Root structures
Botanical garden

A GARDEN IN THE MACHINE

도시 산업유산의 공원화를 통한 소셜 플랫폼 조성에 대한 제안

산업혁명 이후 도시공간은 무질서한 도시확장(Urban sprawl)과 때마침 산업구조의 변화와 소비사회로의 전환과 맞물리면서 도시 외곽에 위치했던 산업시설 및 공장단지들이 도시내부에서 유기(遺棄)되기 시작했다. 소위 드로스케이프(drosscape)로 불리는 버려진 영역은 형태적으로 기괴하거나 일상적이지 않으며, 거대한 스케일과 비례의 부재, 그리고 폐허의 분위기를 자아내는 낯선 감흥을 불러 일으킨다. 심리·문화적 콘텍스트의 충돌(collision)에 의한 미학적 경험을 통해 도시경관 발현의 계기로 삼고자 한다.

후기산업사회를 대면하고 있는 도시의 단면에 공원이라는 색다른 프로그램을 삽입시킴으로써 근대 건축이 추구 했던 '정원 속의 기계(Machine in the Garden)' 로부터 역(逆)진화된 '기계 속의 정원(A Garden in the Machine)'의 상황을 재현하고자 한다.

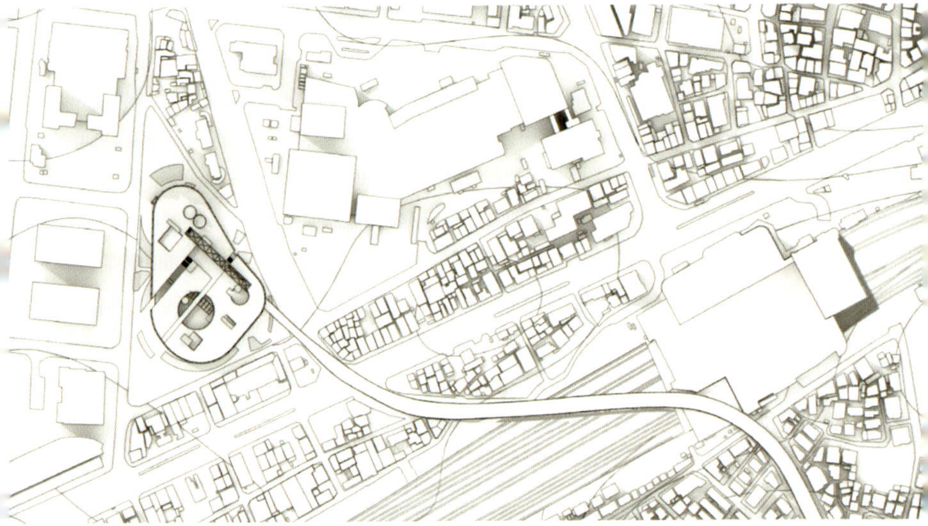

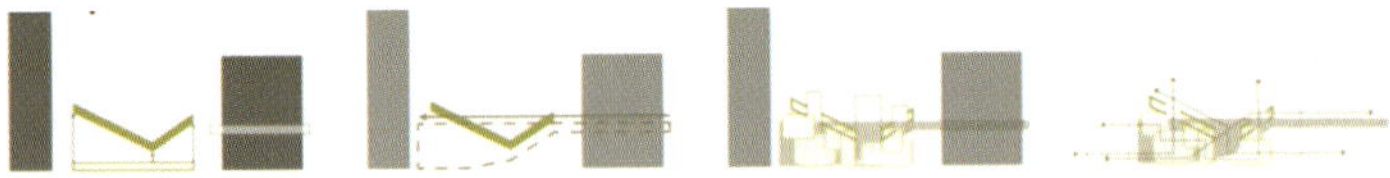

[사라진 랜드스케이프의 지층을 드러냄] [고가도로를 공원으로 전환] [오픈스페이스 형성 및 공간의 얽힘] [상상력과 결합된 플랫폼 형성]

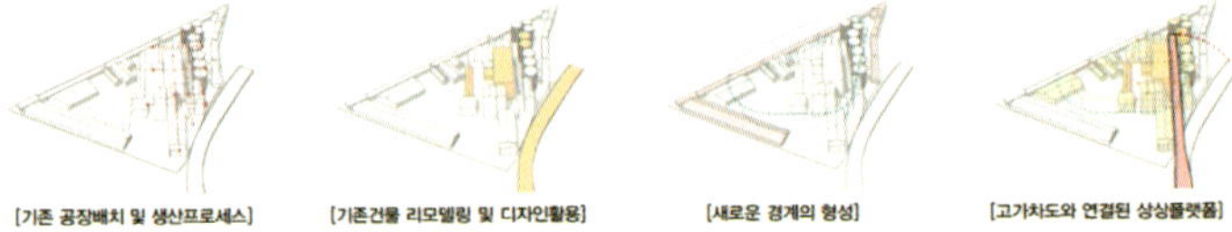

[기존 공장배치 및 생산프로세스] [기존건물 리모델링 및 디자인활용] [새로운 경계의 형성] [고가차도와 연결된 상상플랫폼]

LAPIDARIAN CITY

MUSEUM AS AN EPISTEMIC FLAME WITHIN THE CITY

수동적인 근대화를 겪은 서울은 글로벌 담론 속에서 '도시 정체성 찾기'에 한창이다. 그러나 역사 복원의 이름으로 행해지는 사업들은 사실상 근대화가 그러했듯이 또 다시 기존 콘텍스트를 파괴하며 과거의 모습을 재연하는데 몰두해 있기 때문에 자칫 거짓 역사로 위장된 '무대효과'만을 창출하기 십상이다. 이 연구는 글로벌리즘이라는 동질화에 대해 역사복원의 일환으로 진행되고 있는 서울성곽 복원에 초점을 맞추고, 과거의 성벽을 복원하는데 치중하는 복원의 비현실성을 주목하여, 전통과 현대도시 사이의 시간적 경계를 건축적으로 재현함으로써 진정한 의미의 장소성 발현에 대해 고찰하고 이를 바탕으로 건축적 전략을 제안하고자 한다.

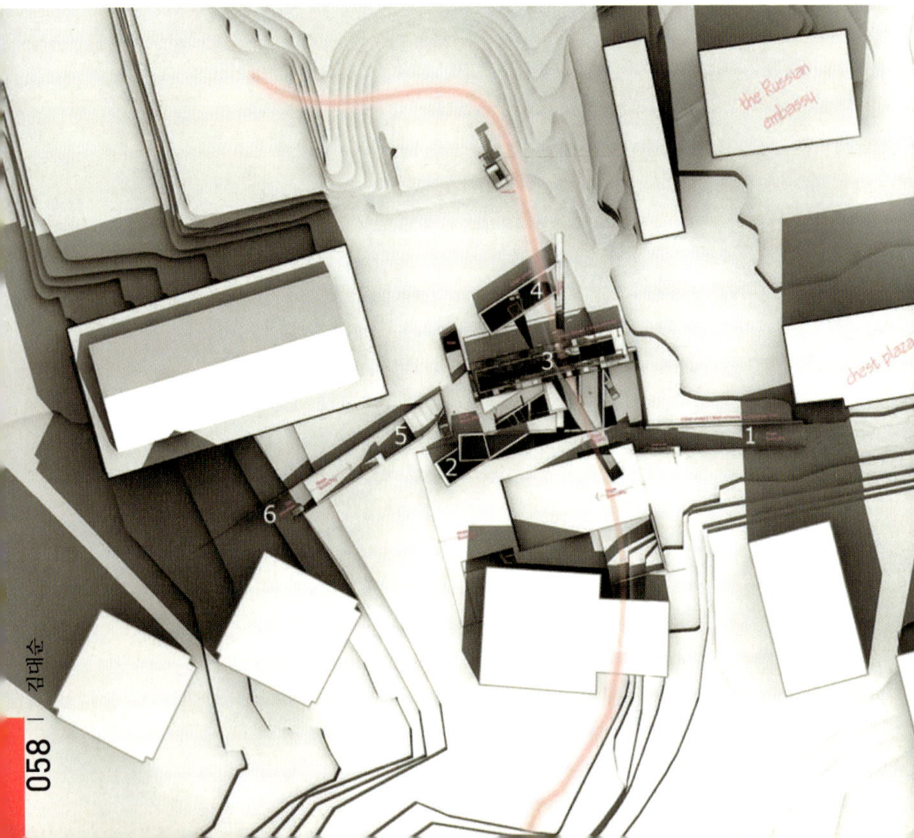

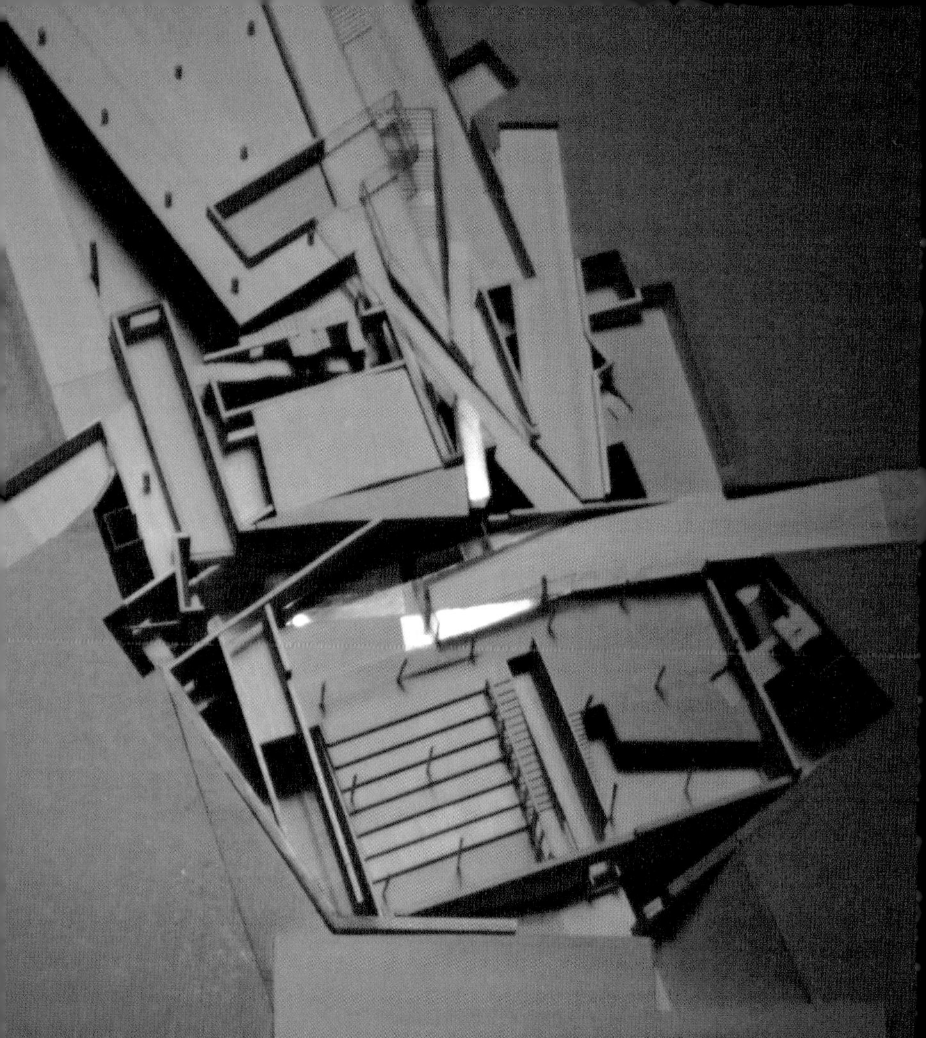

바닥은 연속적이지도, 평평하지도 않다. 뮤지엄에는 다양한 규모와 차이를 가지는 void가 존재한다. 각각의 보이드는 관리의 편이를 위해 유사성을 가지는 각각의 분류의 파편들이 군집한다. 각각의 보이드는 서로 중첩되면서 서로를 파편화 시킨다. 이를 통해 서로 다른 분류와 내용의 파편들은 서로를 간섭하며, 대화를 이끌어간다. 각각의 보이드를 존재시키는 건축적인 방법은 차이를 가지며, 그 스스로 전시물이 되려한다.
소통을 하려하는 파편들은 건축을 자신의 대화상대로 받아들인다. 콘크리트의 차가움은 낯선 대상이 되어 나와 대화를 시도한다.전시 관람 도중에 계속해서 개입하는 도시의 모습, 상황은 도시를 경험하던 일상적인 인식체계를 무너뜨린다. 도시에 존재하는 경직된 선입견, 상식적 유용성은 잃어버린 체 광인처럼 탐험할 뿐이다. 이러한 밀도 높은 관계형성은 어디서 끝마쳐야 하는지 정해져 있지 않다.
같은 거리를 낯설게 걷고 있다. 이 탐험의 종착점은 정해져 있지 않다.

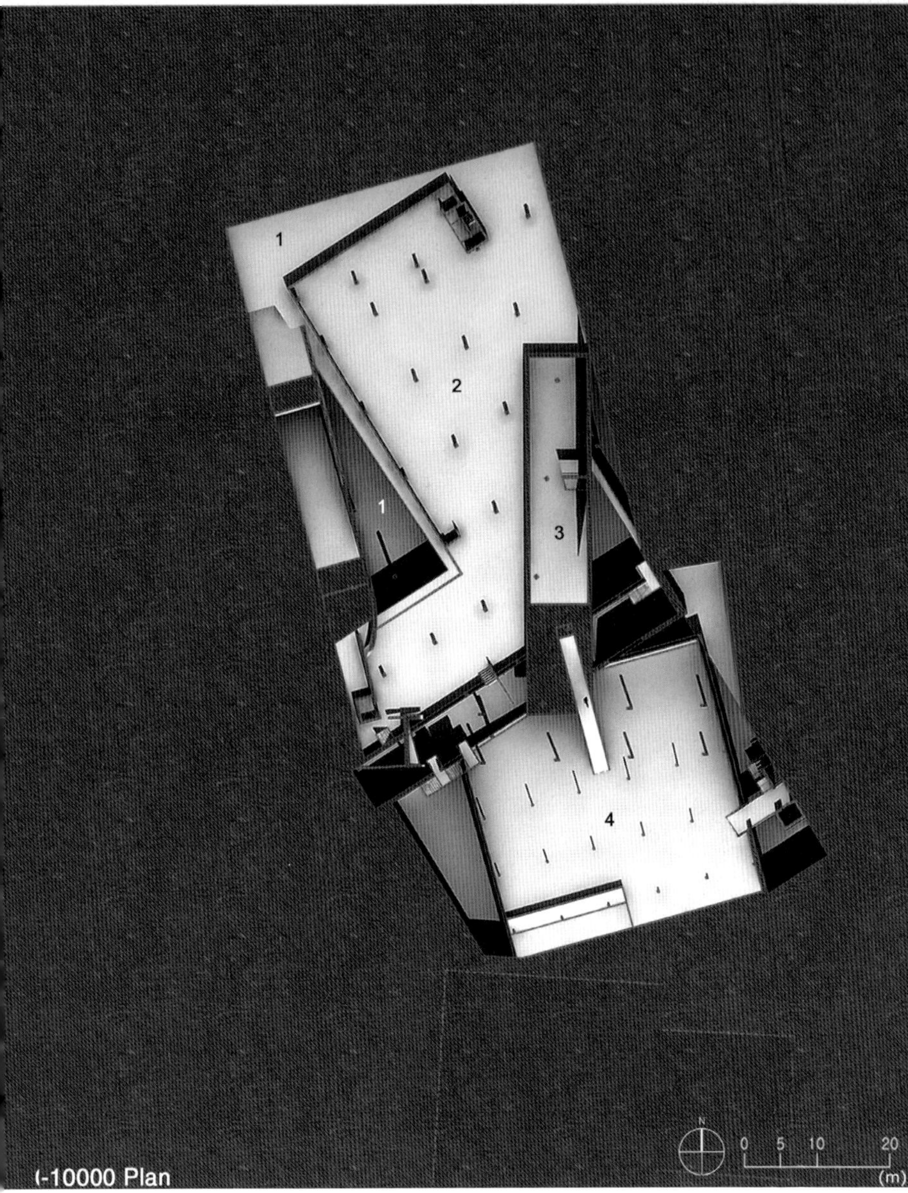

1. Outdoor scape 2. Local history restoration center(typical building in lapidarium) 3. Strip3 4. Hall1

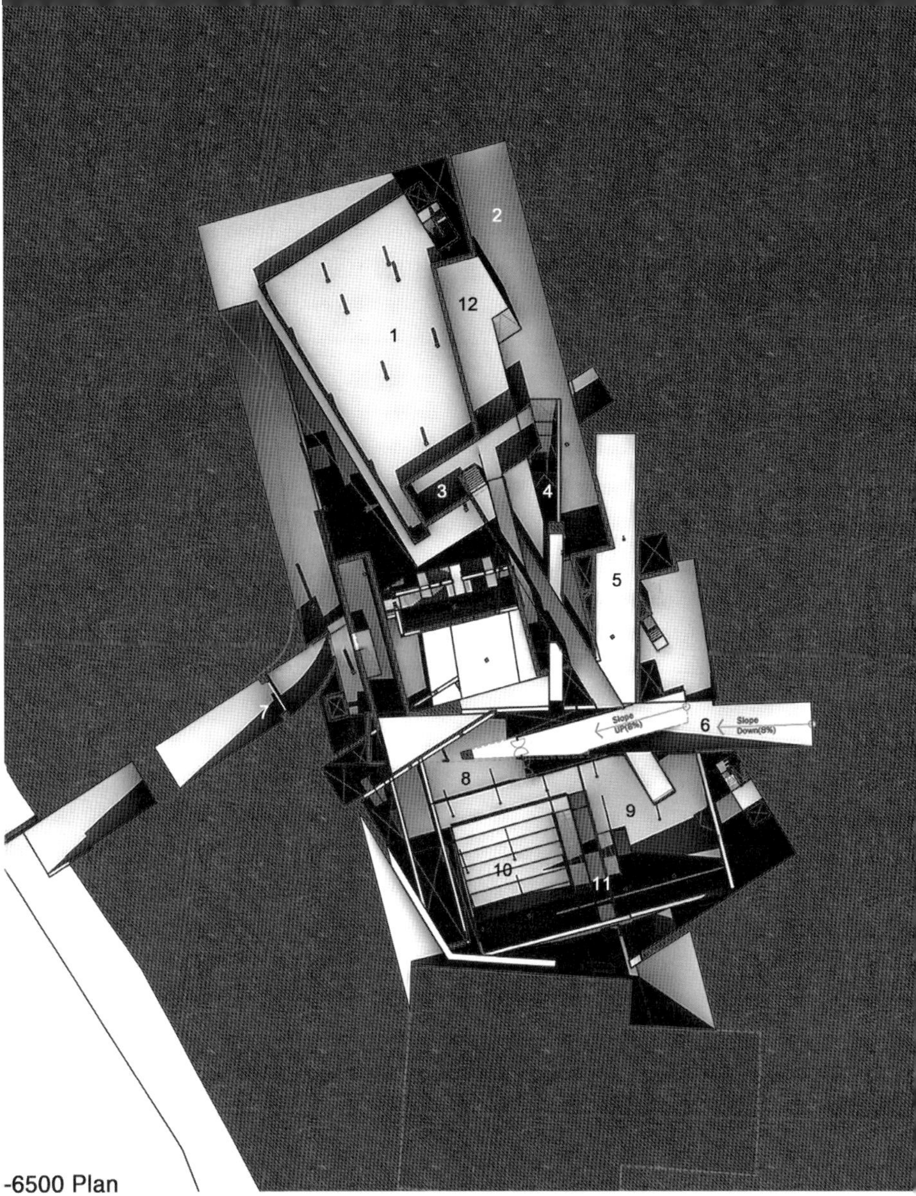

-6500 Plan

1. Local history restoration center(typical building in lapidarium) 2. Strip3 3. Open air condition 4. Strip3 5. Strip4(Open air) 6. Main entrance(from inside wall) 7. Sub entrance(from outside of wall) 8. Robby area 9. Cafe place 10. Auditorium 11. Entrance corridor to Lapidarium 12. Strip1

THE STATION OF VERTEBRA

구일역은 경인선의개통과 함께 만들어진 안양천철교에 서울 도심의 확장과 이를 수용하기 위한 전철역이 세워지면서 만들어졌다. 그러나 경제 논리에 의해 생겨난 이 구조물은 단순통과 수단의 역할만 하고 있을 뿐 주변 도심과의 연계를 상실한 채 도심 속에 버려져 있다. 따라서 역이 가지는 도심의 Gate로서의 역할을 회복하고, 안양천을 중심으로 두 지역을 가르는 경계가 아닌 소통을 위한 매개공간으로 거듭나기 위한 제안을 진행하였다. 이를 통해 구일역이 도심 속에서 공공을 위한 척추(Vertebra)와도 같은 장소로써 경인선의 교통 인프라를 지탱하고, 주변 도시민들의 일상을 연결하는 복합문화 공간이 되기를 희망하였다.

Masterplan Study

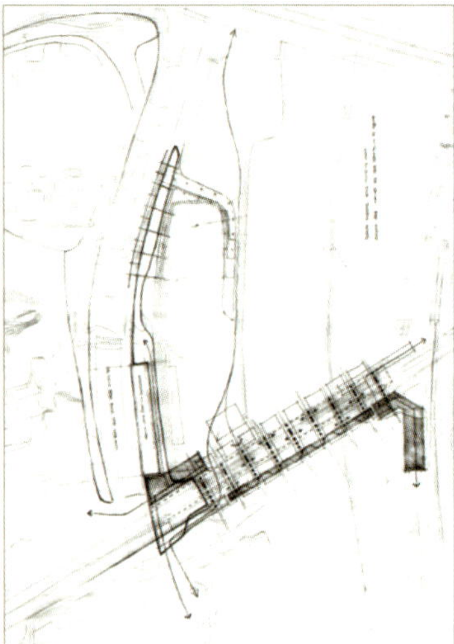

Section Study

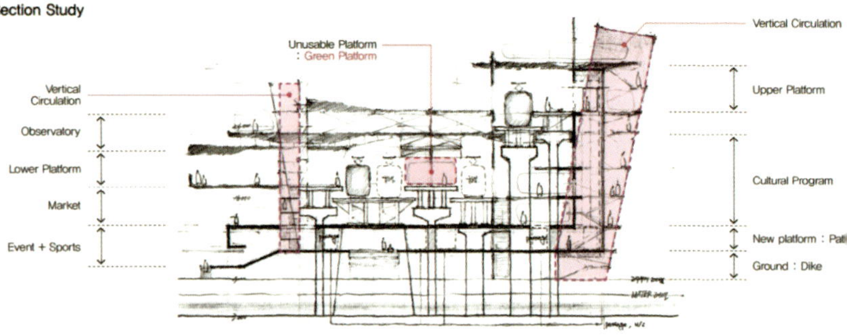

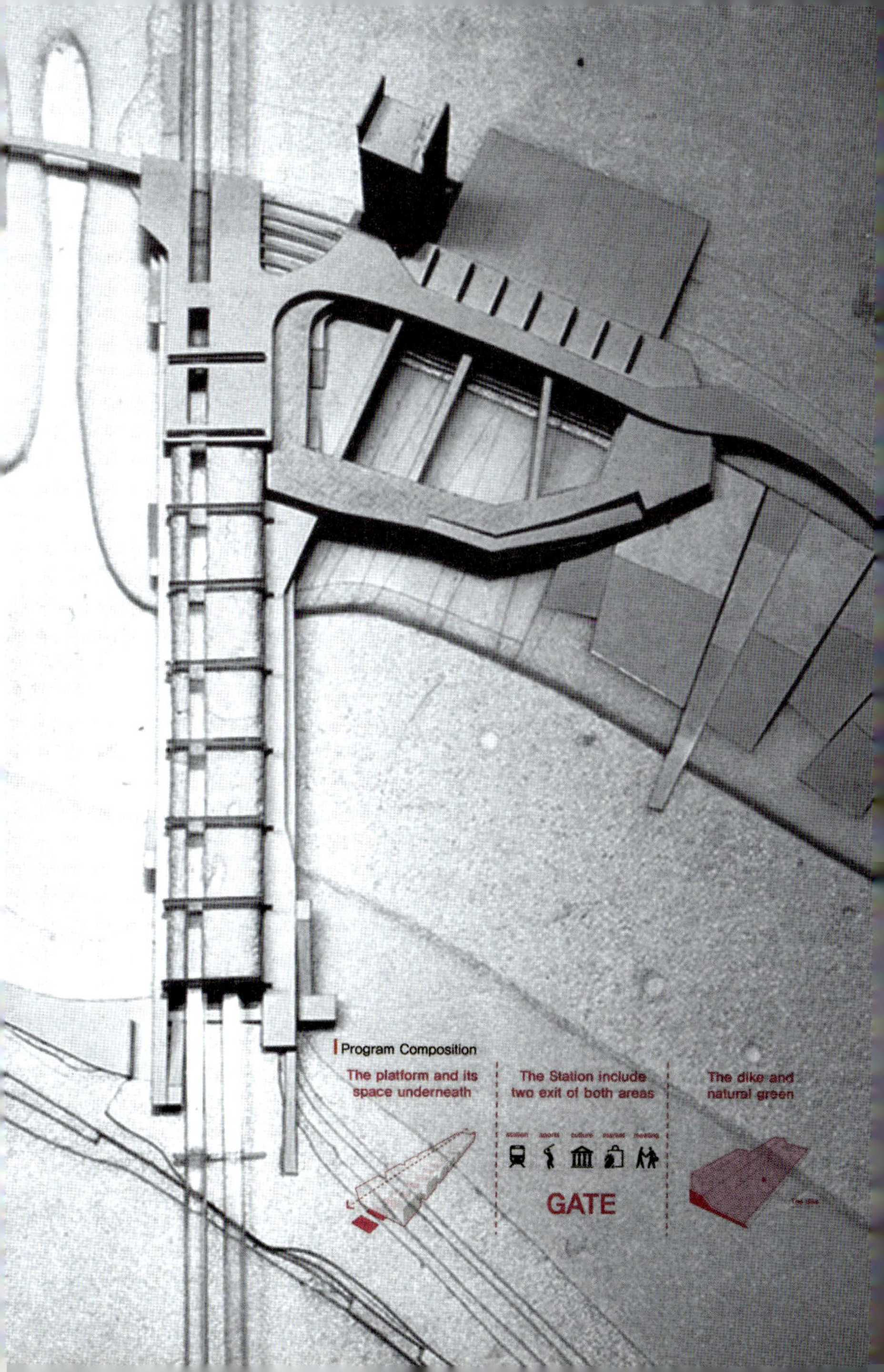

Program Composition
The platform and its space underneath
The Station include two exit of both areas
station sports culture market meeting
GATE
The dike and natural green

CULTURAL PAGODA OF MEMORIES

감옥은 근대 이후가장 체계화된 권력의 상징이며, 물리적 형태에 목적이 그대로 드러나는 특수한 건축 양식이다. 근대화 시기와 더불어 일제의 강점기였던 1900년 무렵, 도심 외곽의 사대 관문지 중 하나였던 서대문구 현저동 일대에도 형무소가 세워졌다.

90년대에 이르러 100여년의 기능을 다한 형무소가 이전되면서 지역의 정체성이 새롭게 개편되는데, 이른바 도시의 '성역화'사업에 의해서였다. 낙후된 도시이미지를 탈피하기 위한 수단으로 한 세기의 역사는 '독립'이라는 테마로 대체되었고, 그 일환으로 철거된 형무소 일대는 일부만 남아 보편적인 역사박물관이 되고 만다. 시공간의 컨텍스트와 무관하게 도시의 기억을 수집해 전시하는 관행의 또 다른 대상이 된 것이다. 그리고 다가오는 '100주년 기념사업'을 통해 '서대문형무소 독립공원' 으로 또 한 번 재탄생될 이곳에, 정작 남겨져야할 기억은 무엇일까.

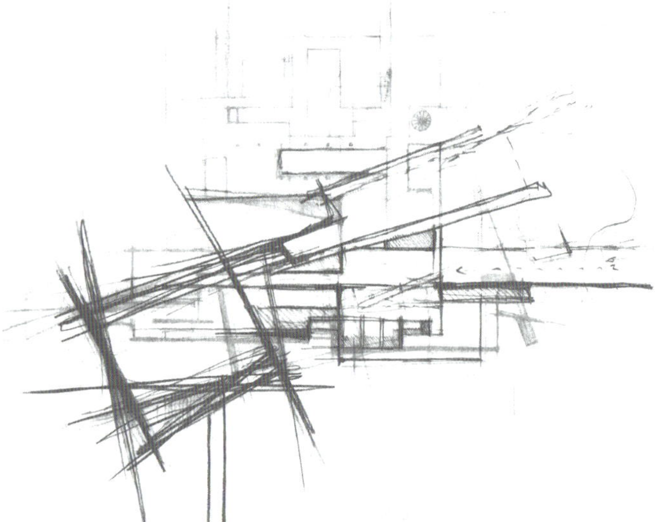

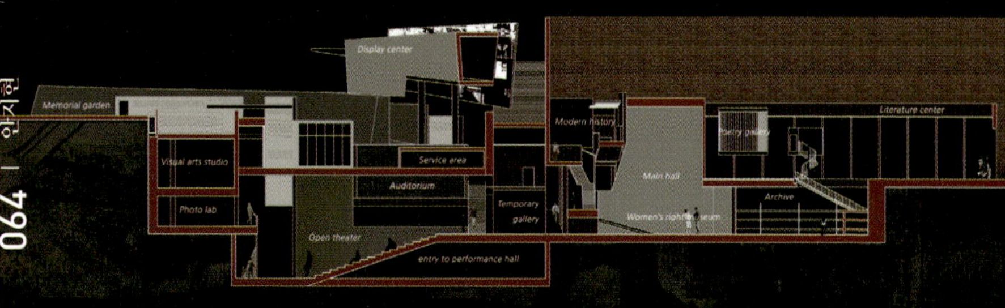

A-A' Section
0 2 6 12

HORIZONTAL HOOK _ DIGITAL MOBILITY BRIDGE

지금 용산역 일대는 전자시장으로 특성화 되고 이는 곧, 용산 일대에 흩어져 있던 다양한 Mobility들 중 또 새로운 Digital Mobility의 근거지로 성장하는 단계에 놓였다.
용산철도 위를 지나며 용산역사와 전자상가를 잇는 Bridge는 용산 Mobility 흐름의 중심에 위치하면서도 역의 생성과 특성화된 시장의 필요에 의해 단지 통로서 역할이 한정되어 버렸다. 많은 정보를 흡수하고 배출하는 역이라는 프로그램과 새로운 Mobility의 입구를 잇는 이 Bridge에 프로그램을 삽입하고자 한다. 이 새로운 bridge는 서로 다른 프로그램을 연결하는 동시에 그 차이점을 강조하고 실존하는 City edge로서의 기능을 담당하게 될 것이다. 이 공간의 집합체는 Horizontal Skyscraper로서 도시의 시스템을 수평적으로 전환하는 제계로 접근하게 된다.

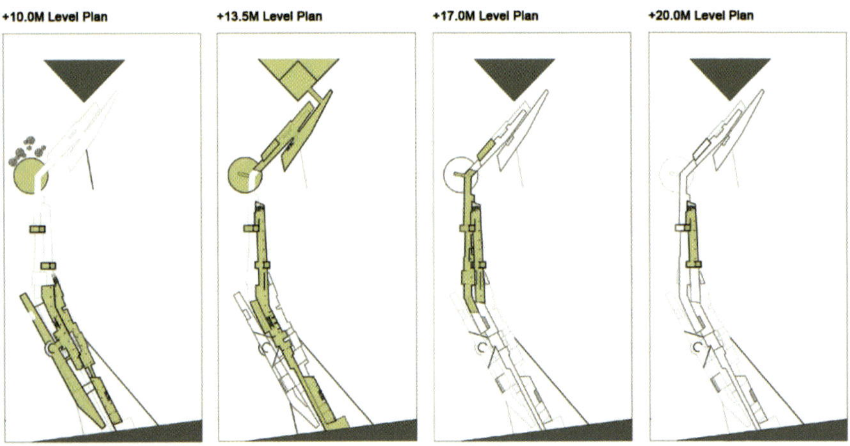

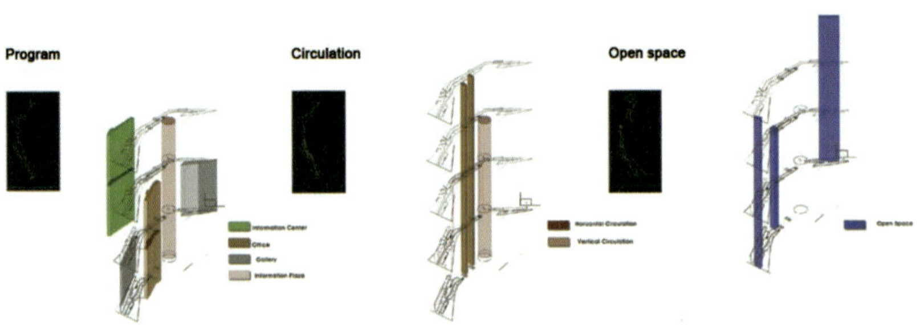

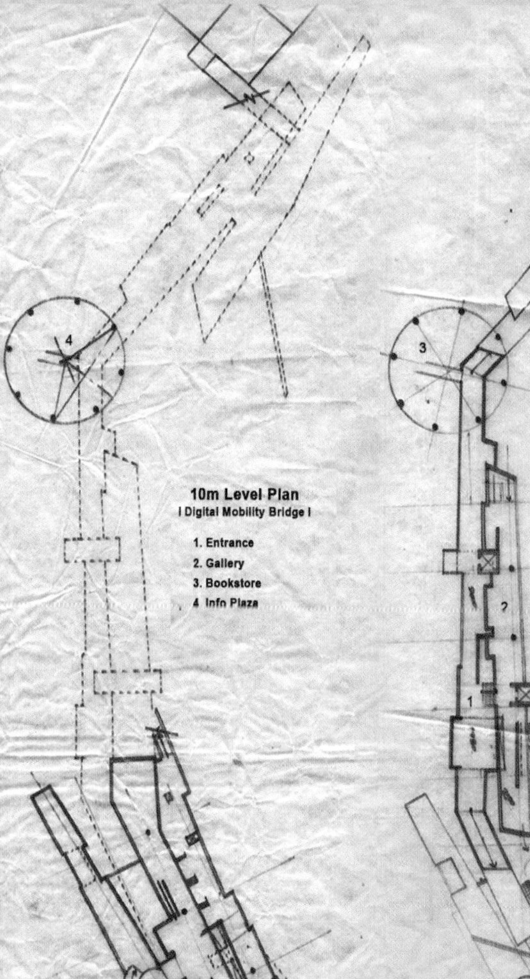

10m Level Plan

| Digital Mobility Bridge |

1. Entrance
2. Gallery
3. Bookstore
4. Info Plaza

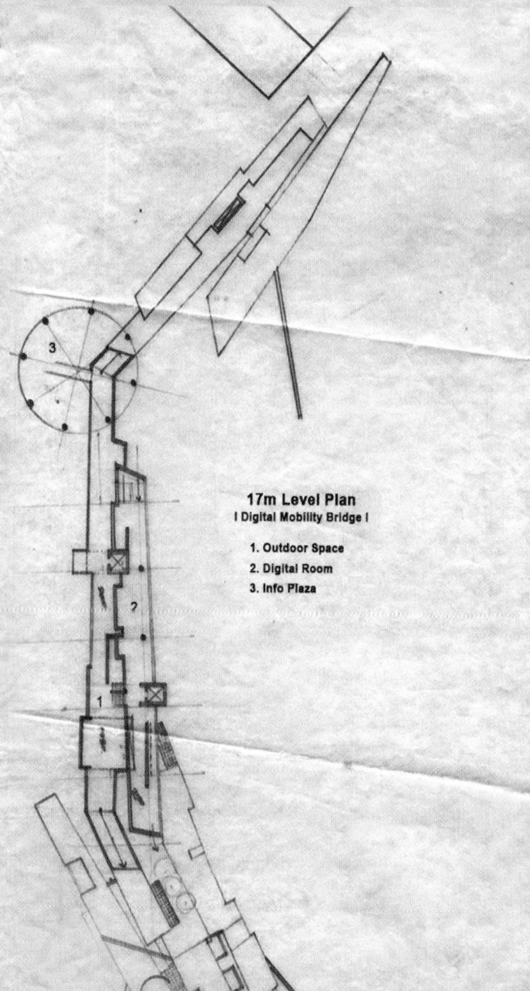

17m Level Plan

| Digital Mobility Bridge |

1. Outdoor Space
2. Digital Room
3. Info Plaza

전문점
李家村
가촌
3F
(02)754-0223
日本風
明洞
3F
李가촌
3F
파인하우스
T318-1120
송탄
부대찌게
ブデチゲ。
콩나물국밥
3F
명동보쌈
PLUS
정통쌀국
₩5,90
롬새라면

URBAN PURGATORIUM

도시의 파편이 머무는 곳, 명동의 언덕

TERRAIN VAGUE란 도시화의 진행에 따른 패러다임의 변화, 그에 따른 기존의 도심 기능을 상실한 모호한 성격의 도시 인프라나 건축, 그리고 대지 등을 일컫는 단어이다. 도시에서 이러한 모호한 공간은 A와 B라는 서로 다른 도시의 공간구조의 변화사이에서 만들어지거나 혹은 과거로부터 도시의 정 체성이 내제된 오브제와 그 주변의 성장 사이에 만들어진다. 시간의 흐름에 따라 도시의 물리적인 공간구조에 변화가 일어나게 되면서 도시는 내부로부터 일종의 균열이 생기는 것을 경험하게 된다.

올림픽대로

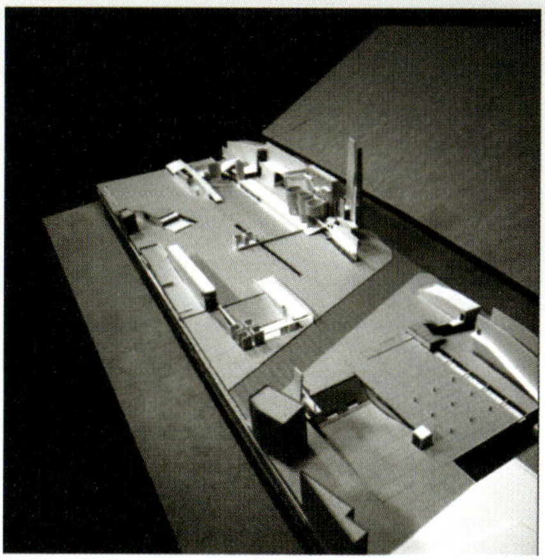

LAPIDARY GARDEN

Investigating the historical records along the Han River in Seoul, the project discusses how to regenerate the Pung-nap mud fortification(Pungnap toseong), the present left-over urban bulwark, to be a psycho-cultural field with its historical vague. Disclosing the identity of the site as 'historical ground' while at the same time maintaining the relationship between the residential space invading the fortification and the historical ground, and assuming the evolutional border between persistence and permanence of the city as terrain vague, the study aims at adding the sense of place-time to the site. The main argument in the project is focused on how to suggest a program dealing with the excavated artifacts on the basis of the relationship among the historical fragments, and how to fill the missing parts of the Pung-nap mud fortification in order to succeed it to the next generation.

10
9
8
4
3
11
12

MEMORIAL EDGE

The purpose of this study is to promote a new awareness for rain water pumping station which is the countermeasures of the city against the increased rainfall in today's abnormal climate, and to seek for solutions to reuse them as the urban program. Recognizing considerable number of rainwater pumping stations located between old downtown of Seoul and the Han River, In particular, as an intentional terrain vague, the study attempts to suggest complex urban program to revitalize the urban edge to have the sense of place, which has been alienated for along time.

Keyword : Abnormal climate, rainwater, rainwater pumping stations, Terrain Vague, the city's edge, sense of place.

section model (tower)

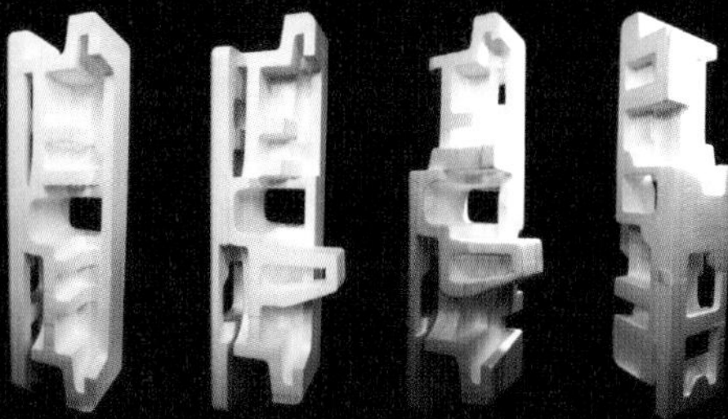

In this study, 'intentional terrain vague', categorized as subordinate notion of terrain vague, which has been overlooked in the modern city, is concentrically explored. 'Rift design' of Heidegger and 'un-familiarization' in uncanny, earned through theoretical study, are applied in the design experiments on rainwater pumping station. In the design, it is concentrated how to keep property of urban space as well as of otherness as terrain vague in such a place with ambivalence of either a participant or a stranger. As a consequence, the study reviewed that 'un-familiarization' in the aesthetics of uncanny, which un-familiarizes both familiar being and strange being, can be one of the proper methods to give body to the sense of place in planned terrain vague concealed in the city, to recover its urban relationship, and to represent intentional terrain vague to be surreal urban artifact.

FLOATING WALL

도시의 파편이 머무는 곳, 명동의 언덕

이 프로젝트는 서울 도심에서 벌어지는 성곽복원에 대해 비판적 관점을 피력하고, 과거의 현재성을 연결하는 역사적 감각의 모티브를 토대로 한 사라진 성곽에 대해 도시, 건축적 재연을 시도하는 것을 목적으로 한다.

특히 장소의 주변상황에 대해 과거와 현재를 구별하는 시간적 경계를 어떻게 건축적으로 연결할 것인가를 설계의 주안점으로 삼고자 한다.

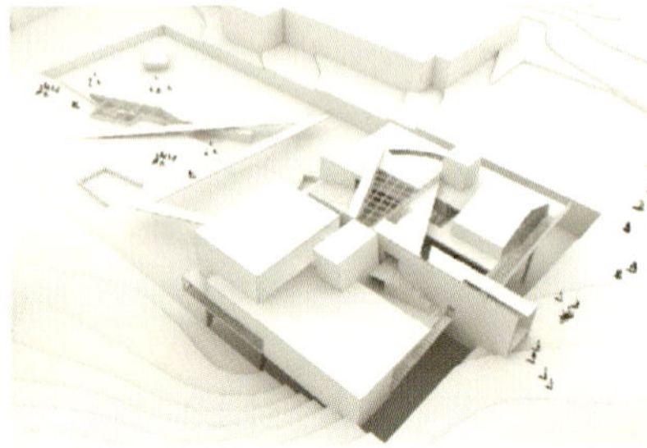

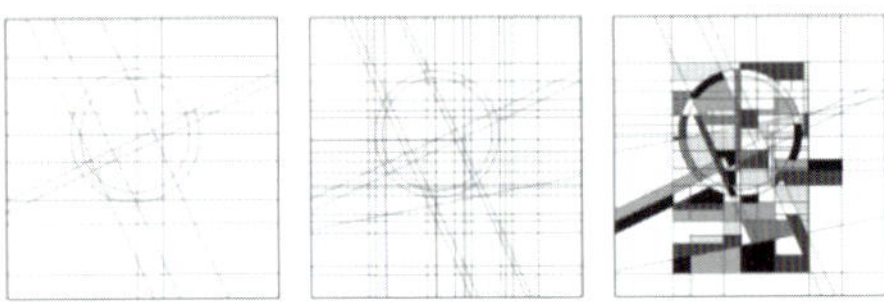

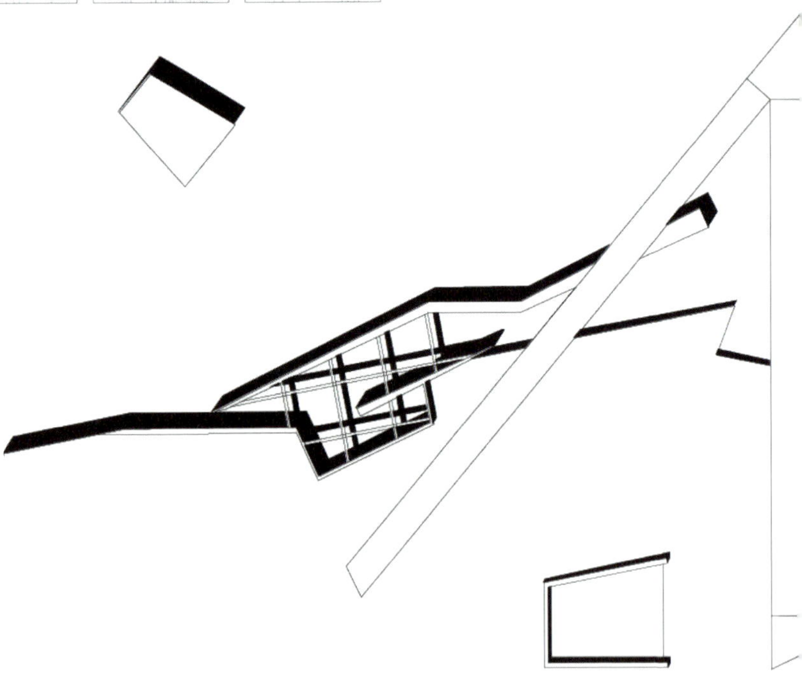

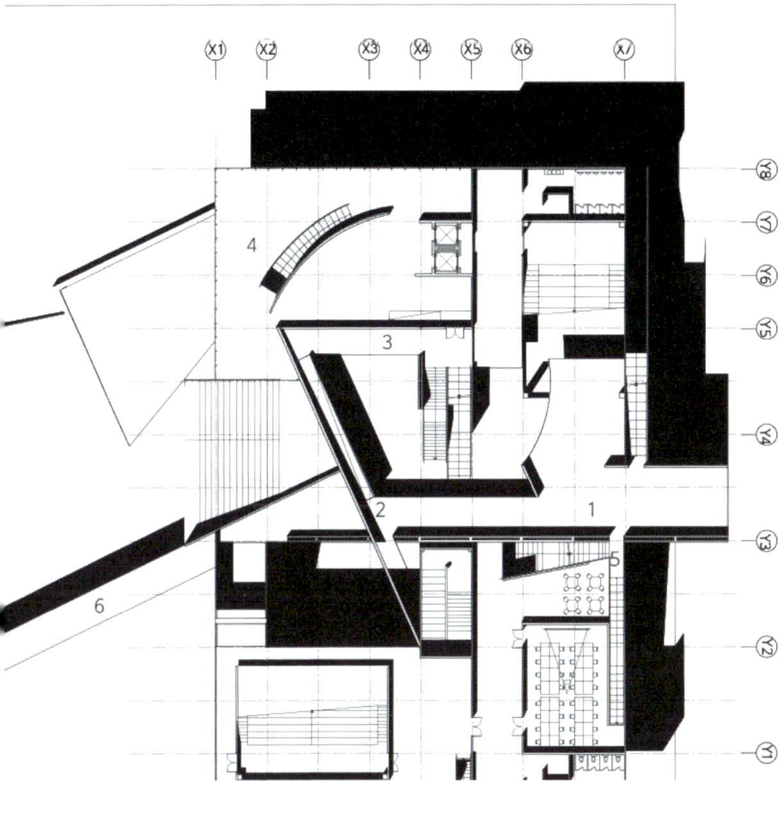
X1
X2
X3
X4
X5
X6
X7
Y8
Y7
Y6
Y5
Y4
Y3
Y2
Y1
1
2
3
4
5
6

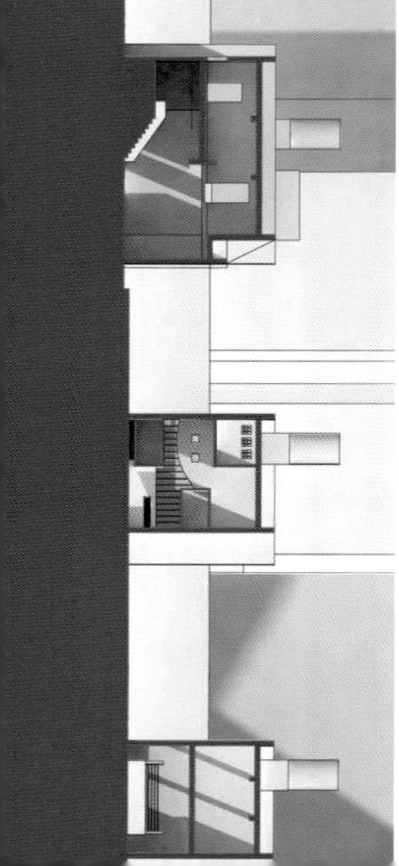

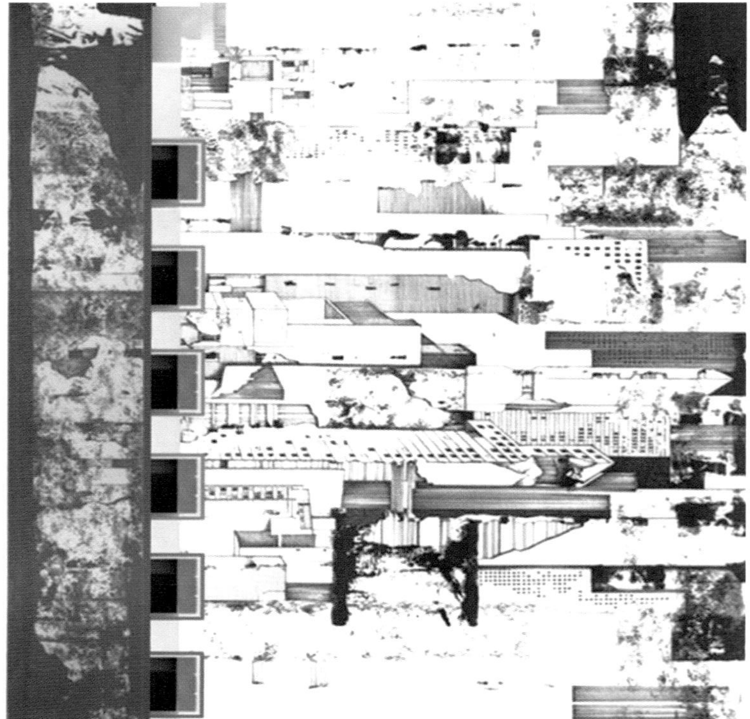

PRISON BREAK

해학적 디자인 제스처가 발휘될 수 있는 순간은 감시와 처벌의 본 장소였던 감옥의 조각들이 주변과 이웃을 감시하는 프로그램으로 회복된다는 점이다. 즉, 24시 일상의 공동체를 구성하여 감시가 아닌 주민들을 위한 공공성을 부여한다면, 근대 감옥의목적인 교화의 의미가 발생할 것이며, 도시에 편입된 격리 수용공간의 재생을 통해 공공공간의 의미를 확보할 수 있을 것이다.

1970년대 개발에 의해 교도소 주변 조차도 집합주거나 상공업시설들이 들어서고 결국 2011년 영등포 교도소는 구로구 천왕동으로 이전되었다. 이제 빈 교도소를 허물고 프리미엄 주상복합아파트가 들어설 계획이다. 도로계획이 진행되고 단지 중앙부에 삼각형의 대지가 조성되었다. 이 땅을 아파트 단지를 위한 무의미한 녹지공간으로 바꾸는 것은 진부하다. 그렇다고 과거의 기억을 되살린다고 흔적 운운 하는 것은 의미는 제스처다. 오히려 단면으로 남는감옥의 공간을 이용하여 근린시설 등으로 역이용한다면 감옥의 단면을 통해 드러나는 거주의 형태가 감시탑으로 기능하는 순간을 느끼게 될 것이다.

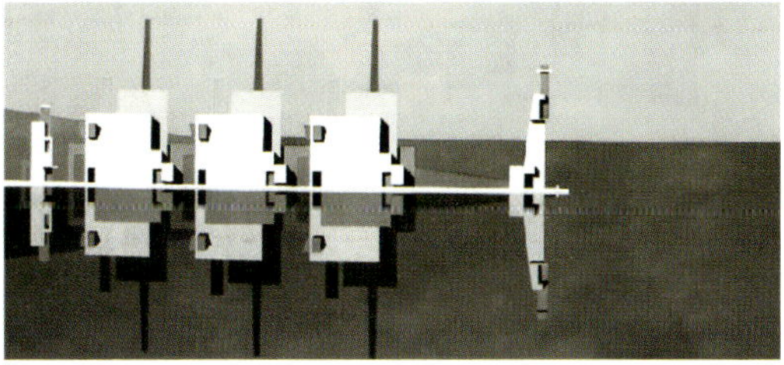

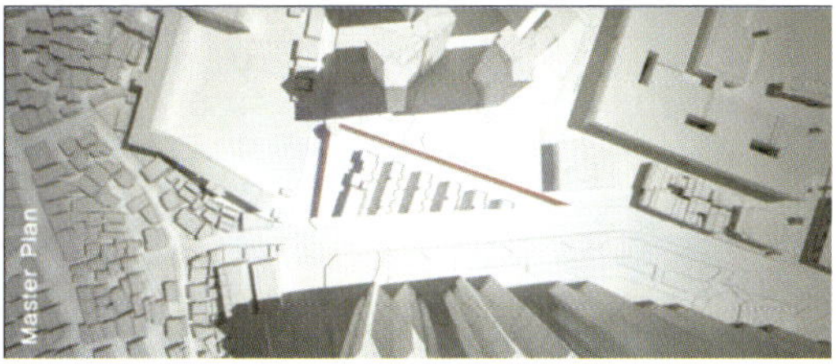

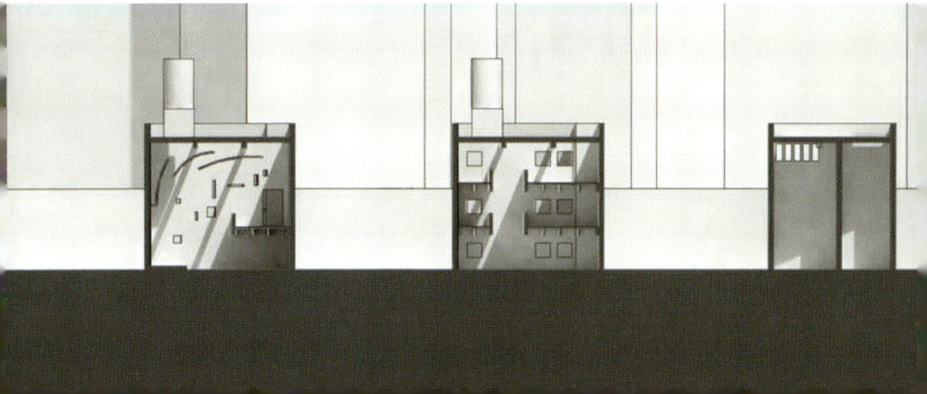

movement senario

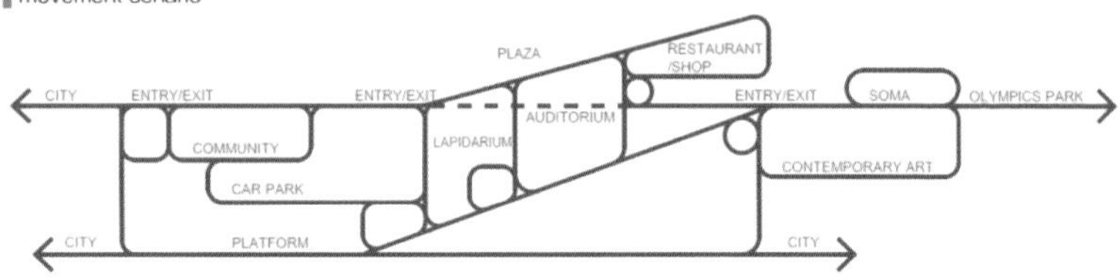

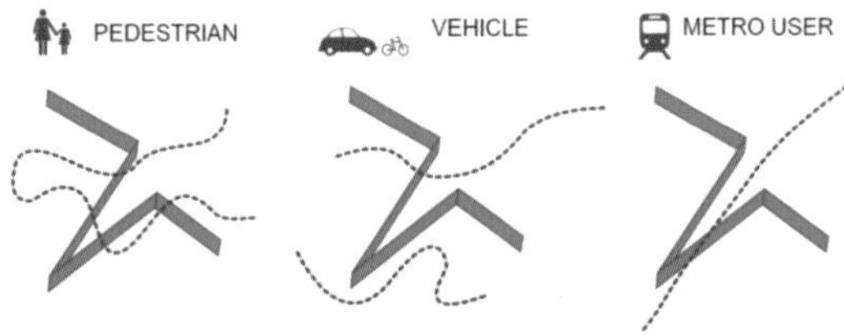

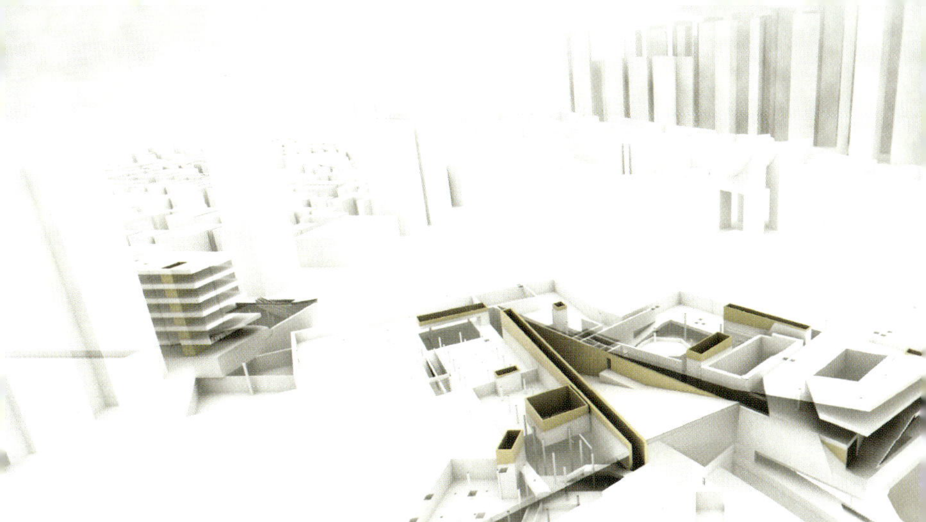

INF(RA)LAPIDARY GARDEN

INFLECTION BETWEEN CITY AND TIME

영등포역은 서울 근교에 조성됐던 영등포 공업단지의 거점으로서 정체성을 가지고 있었다. 그러나 탈산업화와 함께 소비사회가 도래하면서 역사는 백하점으로 흡수되었고, 주변으로 확산된 소비 공간을 연계하는 통로로서의 역할만 하게 되었으며, 철도에 의해 나눠진 지역을 더욱 파편화시키는 결과를 초래했다.
현재 영등포 공원은 인프라스트럭처에 의해 주변 도시조직으로부터 단절돼 있으며, 단순 녹지조성에 지나지 않아 도시 컨텍스트에 대해 공공공간으로써의 역할을 하지 못하는 실정이다. 따라서 이 프로젝트는 영등포공원의 재구성을 통해 '역전광장'의 역할을 주입함으로 영등포 공원의 시공간적 정체성을 회복시키는 것을 목적으로 한다.

URBAN STORAGE ;
ANOTHER MEMORY OF TIME

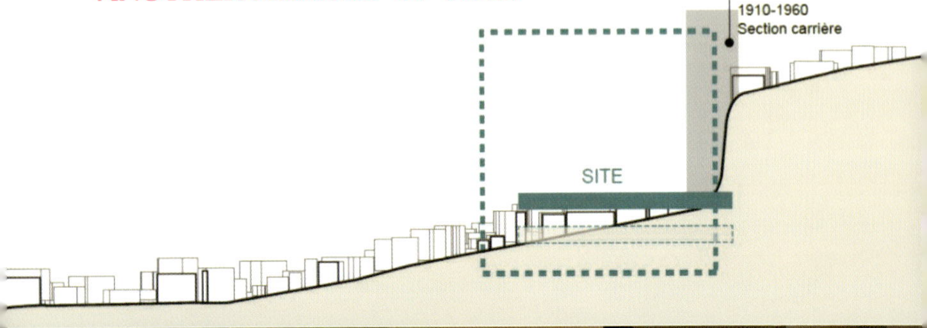

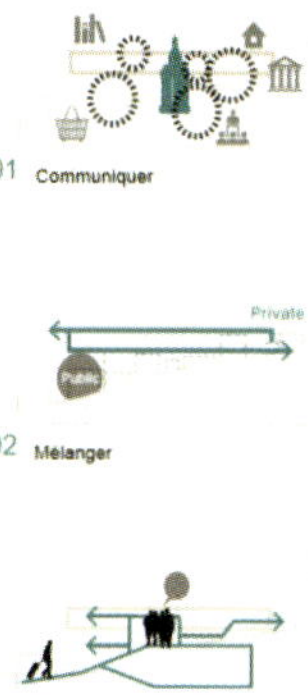

01 Communiquer

02 Melanger

03 Rencontrer

창신동 지역은 근대 건축의 부재를 상징하는 곳이다. 예컨대, 낙산에서 채취된 화강석은 강점기를 상징하는 오브제로 되었다가 몇몇은 현대에 이르기까지 도시의 역사적 사료로, 철거된 총독부 건물은 해체되어 독립기념관 공원 뒤에 버려진 듯 전시된 채 낙산의 기억을 담고 있기도 하다. 낙산의 기억을 담고 있는 돌의 입장에서 볼 때, 장소의 이전을 통해 이 파편들은 시간의 기록이 지워진 의미 없는 사료가 된 셈이다.
창신동 지역은 서울의 역사 지형적 특징으로 인해 과거로부터 도심으로부터 분리된 지역이었고, 현재까지도 사회적으로 소외된 문화의 게토로서 작동해왔다.
그러므로 이 대지는 현대 서울의 도시계획으로부터 차별화된 또 다른 영역으로 볼 수 있으며, 새로운 프로그램을 조성하는 일은 하나의 판(板)에 또 다른 시간,

RE;ORGANIZATION OF THE LAYERS

이 프로젝트는 그저 완성된 무언가를 하고자 함이 아니었다. 이 개입으로 차곡차곡 어떠한 목적없이 그저 쌓인것을 흐트러뜨리고 다시 구성함으로써 새로운 의미 형성의 씨를 놓는 것이었다. 다시 구성하기(Re;Organize)는 잘 정돈하는 것이 아니라 흐트러뜨려 그 틈을 발생시키는 과정이며 이것은 외부인들과 거주 주민들로 채워질 것이다.

서로 다른 두 것의 교집합이 아니라, 그 중간쯤에 존재하는 것으로 간주한다. 성곽의 강한 벽성으로부터 파생된 마을 단위의 인프라는 마을의 고유한 지역 구성을 파괴하고 또 다른 심리적인 벽으로 작용한다. 한양도성은 대규모의 유물로서 현대의 시점에서 다시 바라 볼 필요가 있다. 왜냐하면 이 유물은 살아서 일상의 삶에 깊숙이 관여하고 현대 도시의 문제가 되기도 하지만 해결의 key가 되기 때문이다.

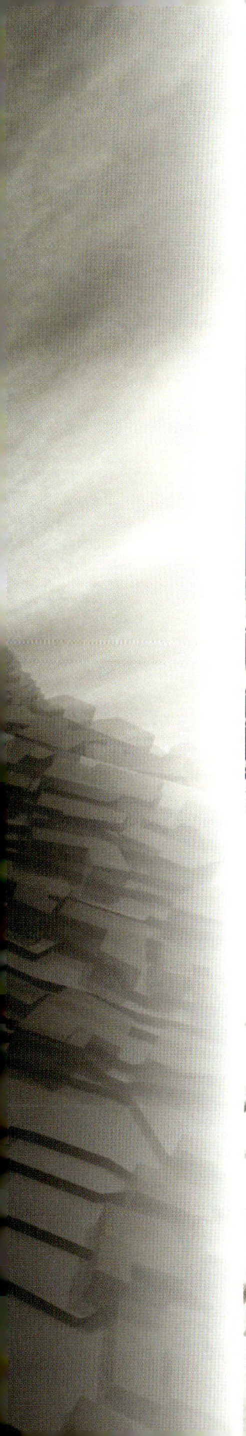

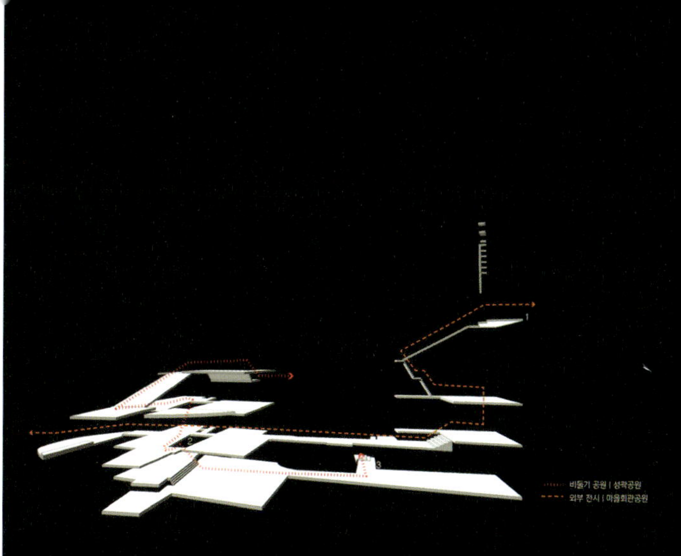
1
2
3
비둘기 공원 | 성곽공원
외부 전시 | 마을회관공원

COLLABORATIVE LANDSCAPE

대상지는 주거, 상업 및 유통시설, 근대건축물, 역사적인 콘텍스트들이 혼재된 지역에 위치하고 있으며, 퇴계로 및 남대문 시장 등의 지리적 중심으로서 접근이 용이한 도시조직이 상호 개입되는 위치에 있어서 문화 및 생활 중심 공간으로서의 가능성도 내재되어 있다. 도시에 혼재된 다양한 도시적 / 생태적 / 역사적 / 관광적 요소 들과 도시공간을 방문하는 방문의 경험이 플랫폼이라는 집합지능적 공간을 만나면서 재구성되어 콘텐츠화 되어지는 문화공동체적 프로그램이다. 이를 통해 도시의 충돌지역(Urban Collision)에 내재된 공간의 집합지능적 가능성을 발견한다.

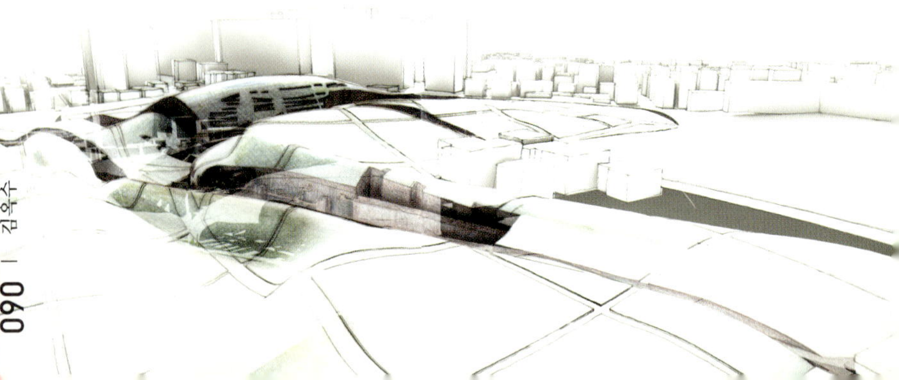

LINEAR URBAN VILLAGE

왕십리 경성궤도 부지를 이용한 새로운 도시공동체 조성에 대한 제안

왕십리 경성궤도 부지는 도시 확장으로 소멸된 도시의 전원적 풍경 중 하나로서, 과거 서울 중심지와 근교의 자원운반 뿐만 아니라 도시민들의 여가, 휴식까지 담당한 유일한 매체였다. 산업구조와 생활상의 변화로 인해 폐지된 기동차는 현재 12M, 440M로 이루어진 마을의 형태로 부분적으로 남아 주변지역과 물리적, 사회적, 문화적으로 단절을 초래하여 지역사회의 노후화를 일으키는 무인지대로 남게 되었다.

이 프로젝트에서는 기존 사회가 추구했던 도시의 일괄적인 개발 방식이 아닌 공동체를 중심으로 하는 구체적인 도시 공간을 기획하는 것을 목표로 한다.

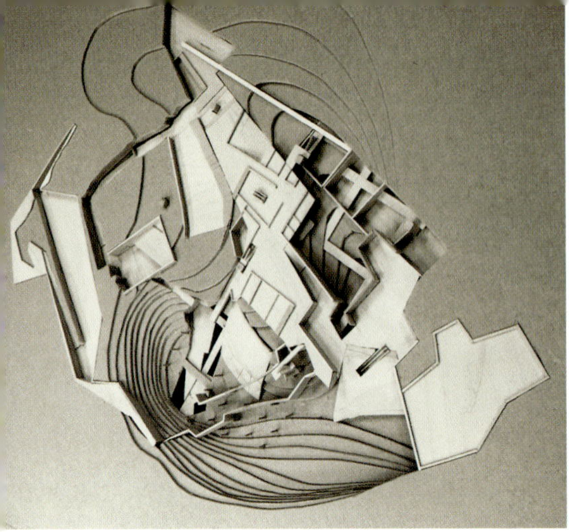

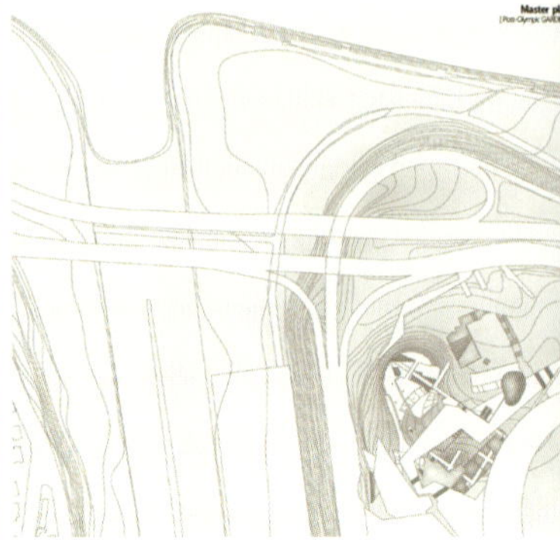

POST-OLYMPIC GARDEN

This project is a methodological proposal for reorganizing the 88 Olympic stadium as a place of the city. The project aims at liking a marginalized places by developing the city space rapidly and recklessly with urban context based on time and place. This can make a social cultural and psychological linkage of site with circumjacent urban context so, In this project; the project composes a scenario on the basis of historical existence, and applies such a virtual reality in the given site and assigns a specific sense of place. This will be a strategy for constructing new urban narrative as linking the existing time and revealing the potential time of the city.

1. Parking
2. Office
3. Lobby
4. Museum
5. Reference room
6. Parking ENT
7. Lecture room
8. Deck
9. Garden
10. Seminar room
11. Library
12. Cafeteria

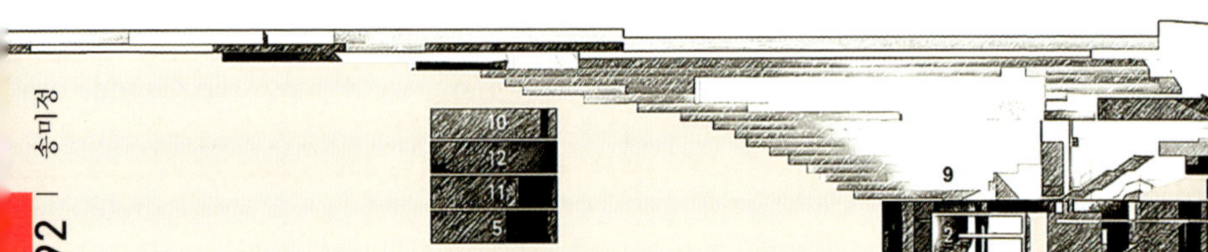

8
7
3
1
4
4
6

PLATFORM ANCHORING

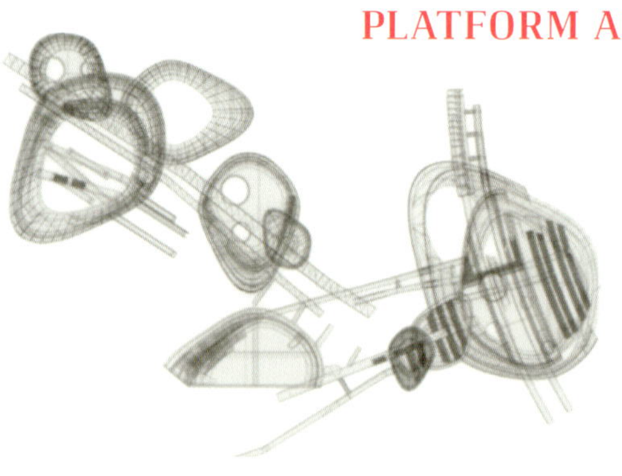

The study departs from regarding city traffic infra-facilities which tend to be left as an isolated unconfirmed zone in urban structure by urban sprawl caused in the rapid modernization and urbanization, as a potential places for users to create new and various communities. Targeting on the Dong-Jak metro-station, completely isolated from the surroundings by haphazardly in\-stalled lines, transfer-passageways, and exits, in particular, the project aims at expanding the existing platforms in both physical and psycho-cultural sense, and eventually recreating a new socio-cultural platforms that link residential complex and National Cemetery Park with the Riverfront. Enveloping the flow of movement inside the station with Pod shape structure, the project attempts to prepare new socio-cultural contents along the movement from the present station to the Park and Riverfront, to strengthen the link and diversity among the new programs and systems, and to provide users with dramatic spatial experience.

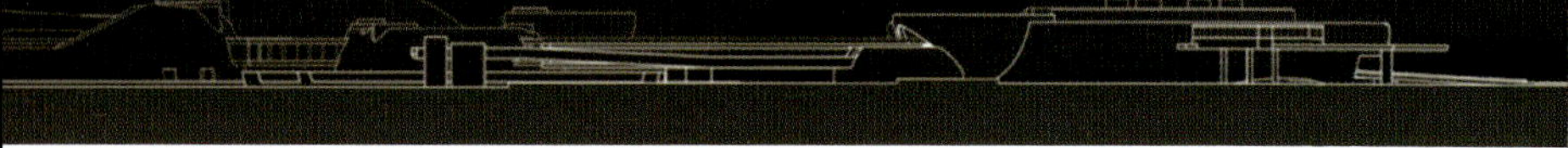

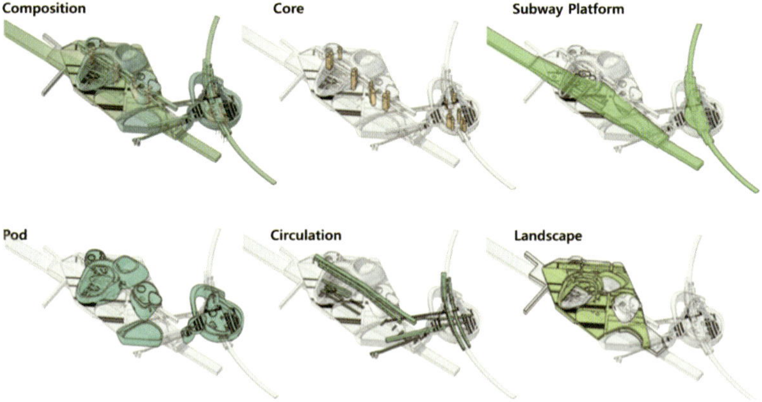
Composition
Core
Subway Platform
Pod
Circulation
Landscape

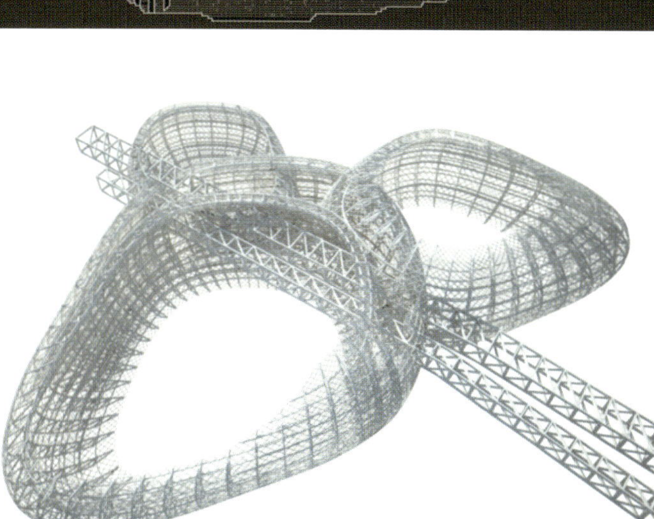

A LINK_IMAGEABLE PLATEAU

결론적으로 도시에서 '교환(trading)'의 복합적 패러다임을 단순히 '유영(都市遊泳)'으로 전환시킨 <서울로7017>.

이 프로젝트는 서울로가 부유하는 도시의 무인지대(No Man's Land)를 재생산해 낸 무의미한 건축행위라는 비판으로부터 출발한다.

'원예정원'은 "대자연과 인간, 그리고 사물"(루소의 세 종류의 스승)의 개념으로부터 출발하여 남산, 산책자, 서울로7017을 도시맥락으로 연계(Link)하기 위한 매개적 문화공간이다.

남산으로부터 파생된 지형의 줄기, 도시 입면들의 단편, 서울성곽의 파편으로 기호화되는 도시 인공물을 고가의 종점(또는 시작)에 안착시킴으로써 서울로 7017의 존재 이유를 추론(追論)하려는 것이다.

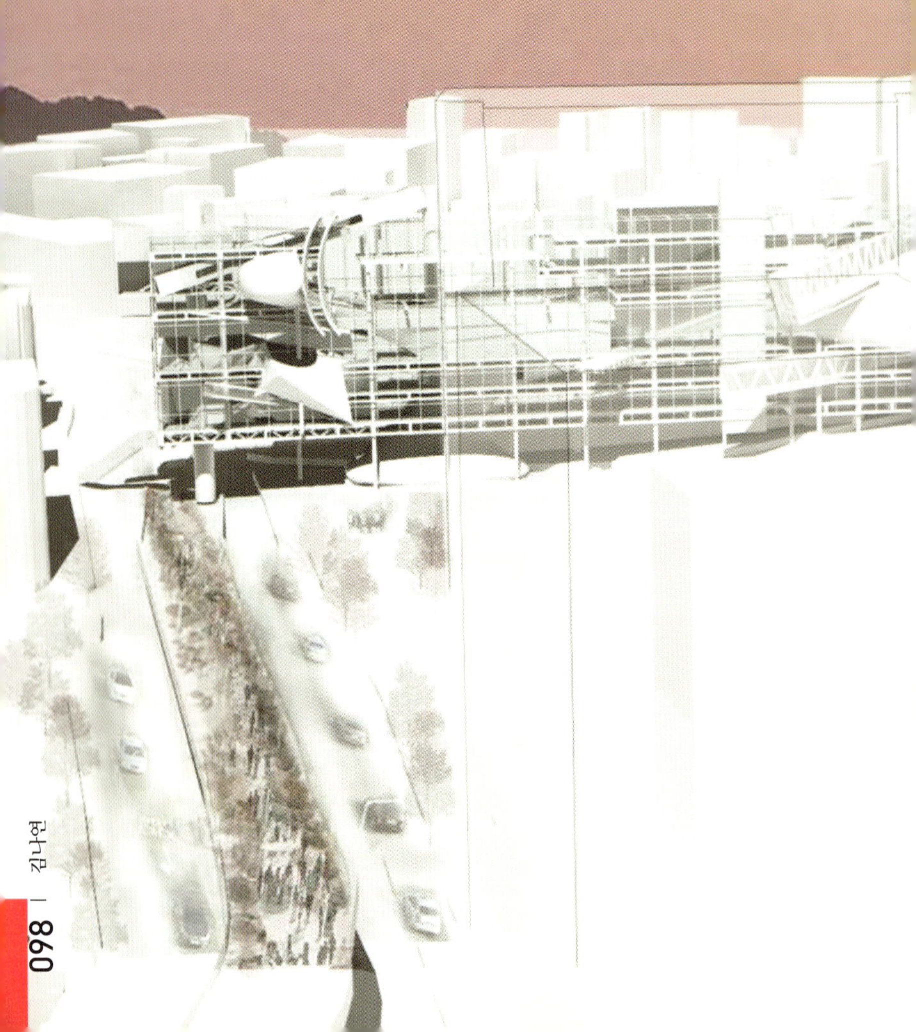

Component

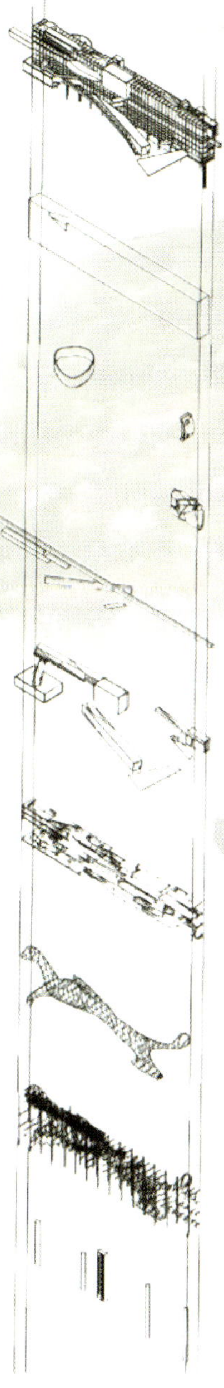

Building assemblage

Glass House

길고 좁은 단순 직방형의 유리 온실 생태 원예시스템.

Botanical garden

수평, 수직 식물 정원

Fragmented gallery

파편을 표상화한 형태의 갤러리

Bridge

남산과 한양성곽, 서울로 등 다양한 진입과 동선연결을 위한 브릿지

Cultural program volume

다양한 문화 프로그램을 매스에 삽입 문화적 연계의 역할과 함께 주변부와 동선을 연결

Floor plate

좁고 긴 입면형태를 이루는 슬라브와 생태, 문화매스들의 관입

Horticulture atrium

서울로에서 남산까지 생태적 연계를 이루는 원예기반 프로그램을 가지는 아트리움

Structure

철골기둥, 보로 구조를 만들고 비선형의 매스는 철골프레임으로 골격을 만든 후 맵핑.

Cores

Model

Perspective

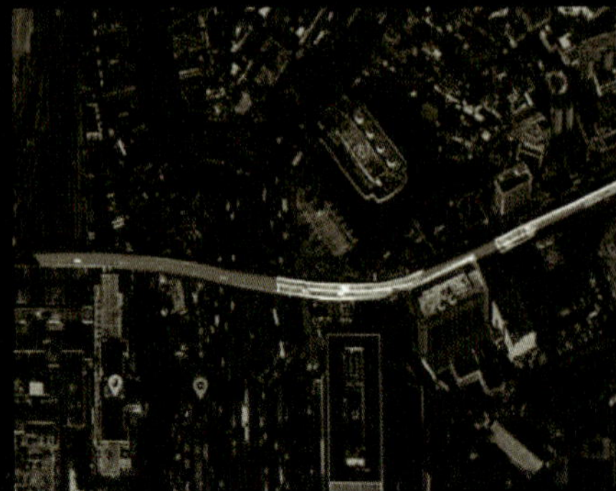

Section Model

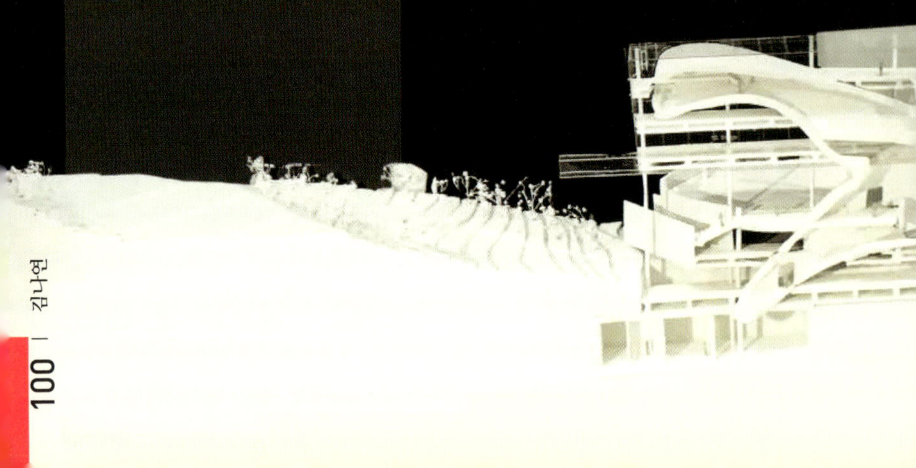

Section of city

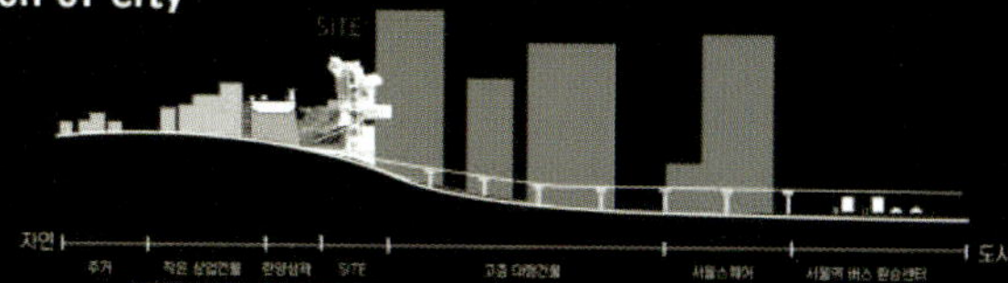

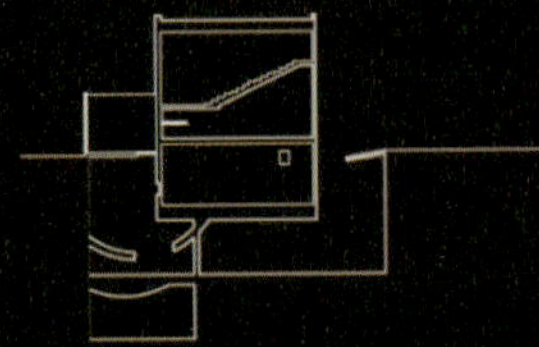

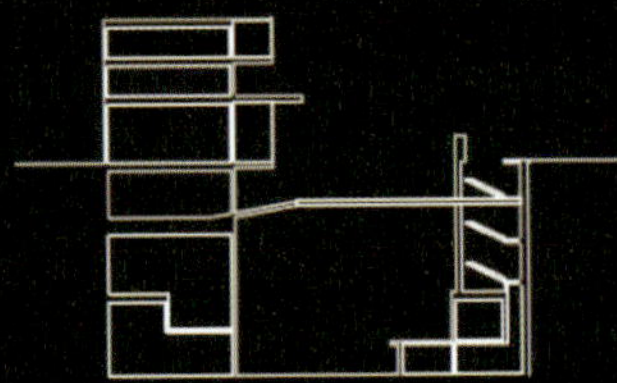

NIGHT SCHOOL

Night School은 '유령승강장 Geisterbahnhofe'이 숨겨져 있는 지하철 신설동 역사를 도시의 신화적 대상으로 간주하고, 이를 지상에 위치한 '수도학원'에 접속하여 새로운 스토리텔링을 통한 공간적 전개로부터 출발한다.

이 '유령승강장'의 존재를 소설 '해리포터'에서 나타난 '9와 3/4승강장'으로 치환하여 프로젝트의 프레임으로 삼은 후, 스토리텔링의 서사적 구조를 통해 디자인 과정을 전개한다. 즉, 소설 해리포터 속의 숨겨진 승강장을 신설동역 유령승강장에 중첩시켜 대지에 위치한 수도학원이 소설 속 배경이 되는 마법 학교에 상응하는 'Night School'로 재탄생하게끔 하는 것이다.

따라서 이 프로젝트는 대지와 콘텍스트의 관계를 영화와 소설에 기초하여 내러티브로 구조화하고, 새로운 스토리텔링으로 전개함으로써 현대적 상상력과 밀접하게 연관된 문화공간을 제안하고자 한다.

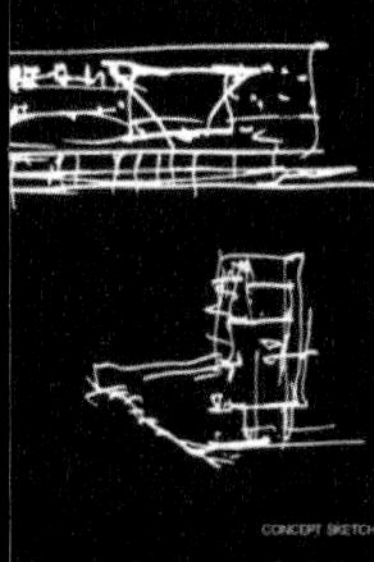

CONCEPT SKETCH

CONVERTED TIMES SQUARE

신동대문역사문화공원역

단순히 '과거의 상태'를 재연하는 단편적인 복원은 도시에서 '현재'라는 시간을 삭제하며 또 다른 개발의 행위로 진전되었다. 이제까지 도시에서 작동하며 도시가 가지는 시간의 층을 이루던 부분을 신화화된 성곽의 '과거의 상태'로 대체하는 것은 대지가 지니는 지속적인 장소성을 파괴하며 오히려 역사와의 단절을 야기한다. 대상지와 접한 광희문과 그 성곽은 이런 흐름에서 복원, 2003년 성곽을 포함한 공원 녹지로 조성되어 지금의 모습으로 남았다.

현대도시의 삶 속에 융화되지 못하는 복원행위로 '백지상태(tabula rasa)'를 만들었던 근대건축의 비문화적 행위가 되풀이되며 시간이 누적되어 도시가 지니는 다양한 의미와 행위들은 상실된다.

이러한 비역사적(ahistorical) 복원에 대해 문제를 제기하고 시대성을 반영하지 않는 역사복원의 행위는 도시성의 회복이 아니라 또 다른 상처를 내는 것이며 오히려 역사의 오점으로 기록될 수 있음을 짚어내고 접근한다.

1 큰선큰광장
2 통합홀
3 극장
4 극장출입구
5 오피스
6 게스트하우스 홀
7 주거 홀
8 옥상정원
9 중앙공원
10 계단광장
11 임대상가
12 도서관
13 작은선큰광장
14 라피데리움 전시장
15 지하철 출입구
16 광희문

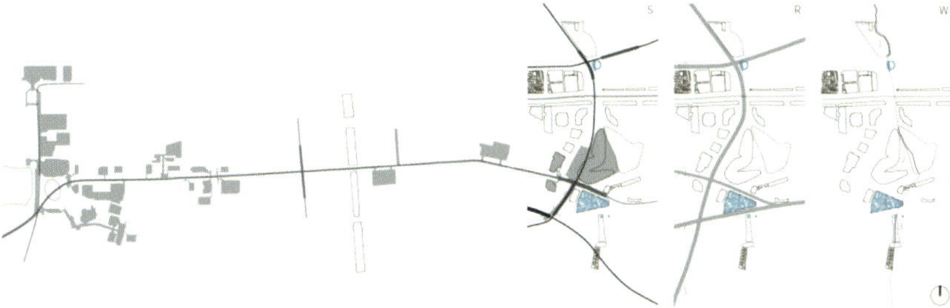
S
R
W

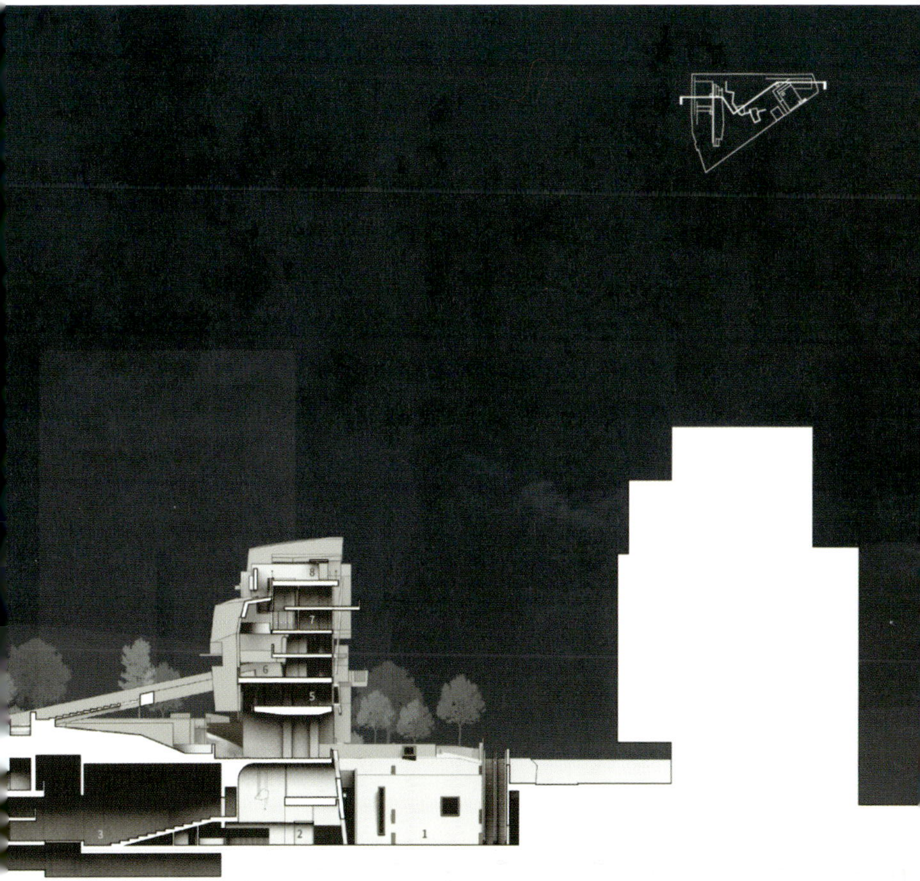
8
7
6
5
3
2
1

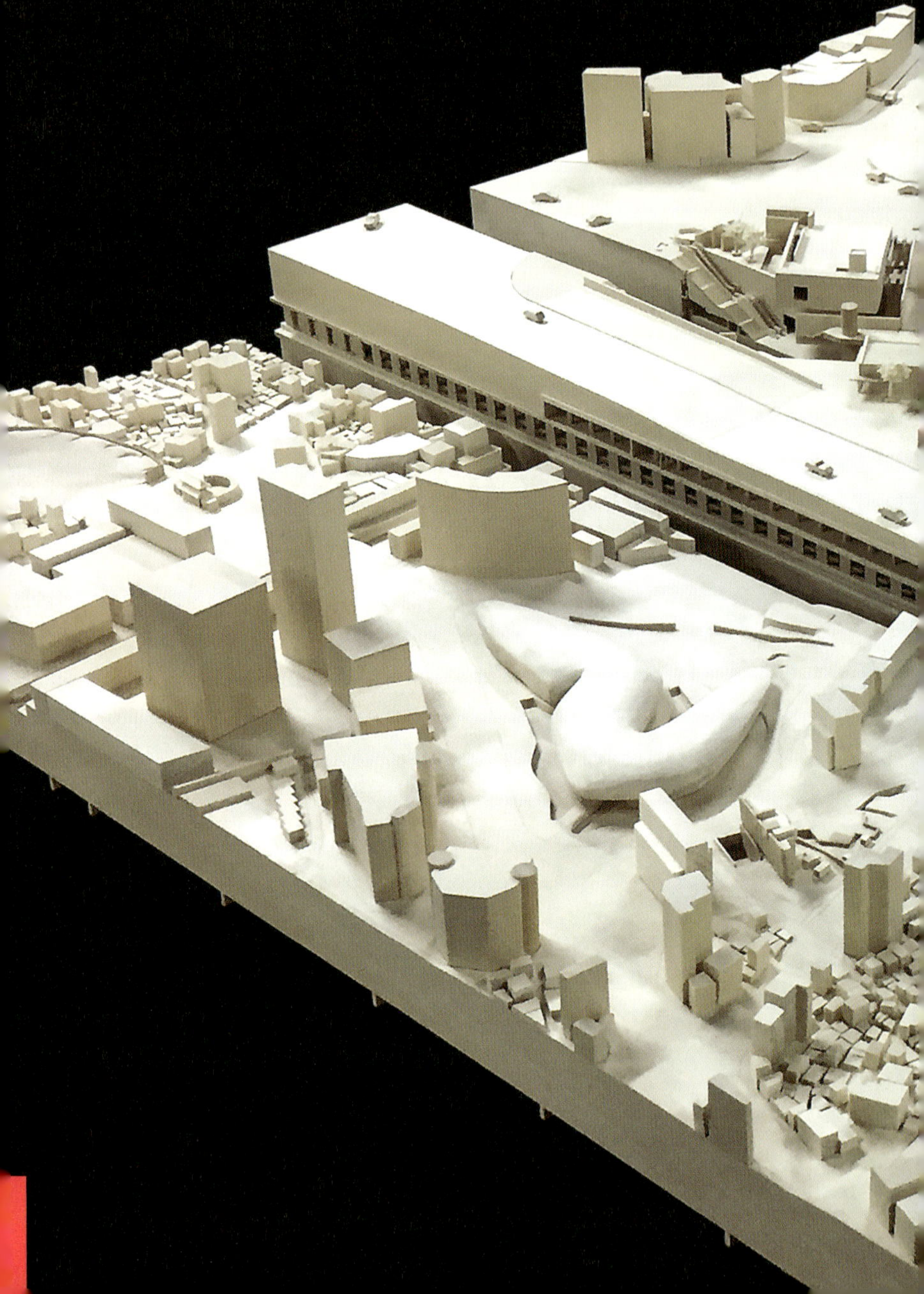

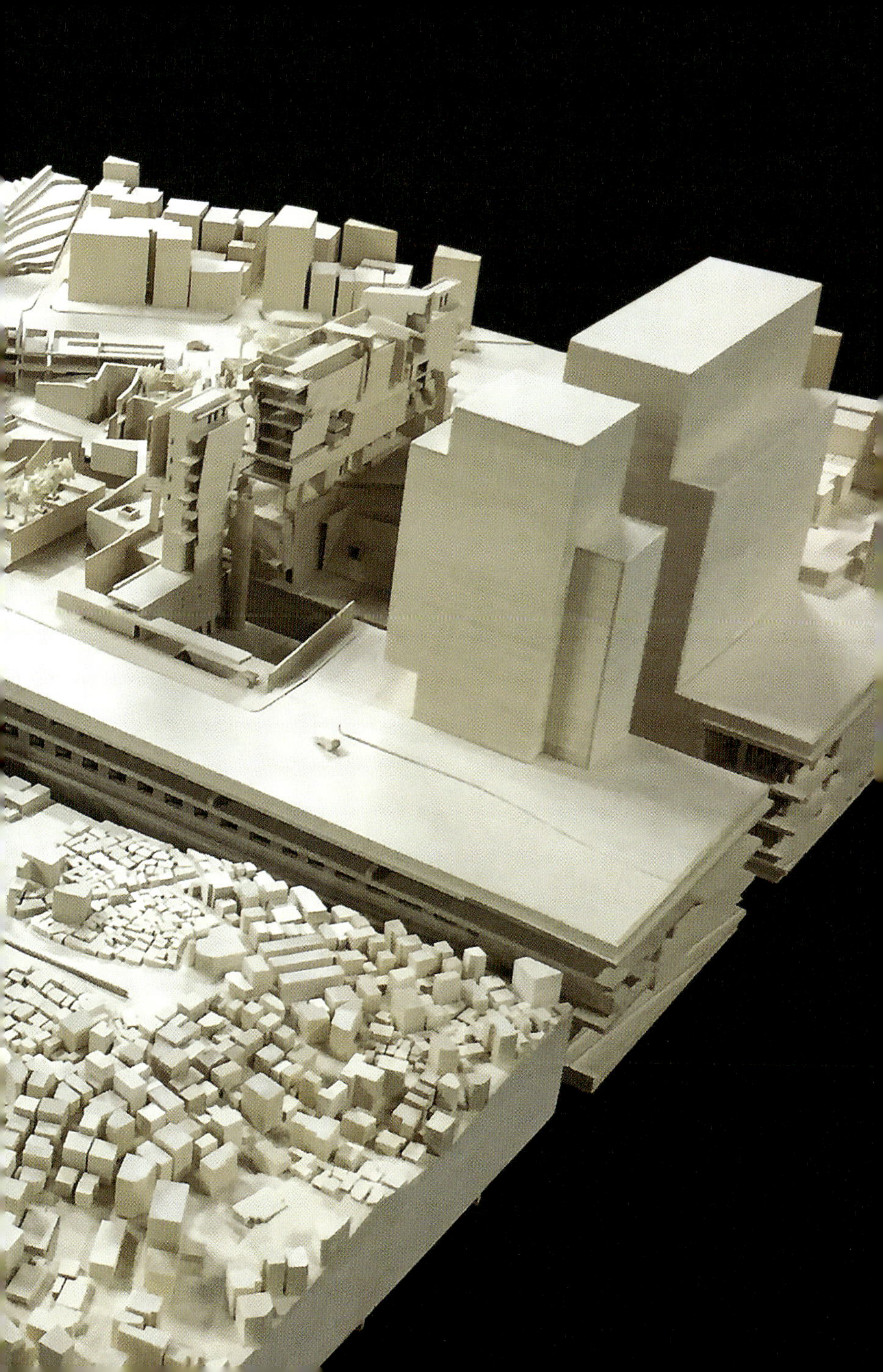

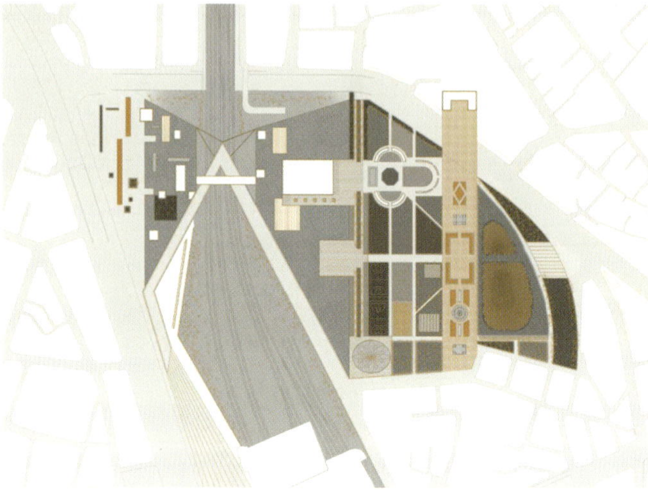

LANDSCAPED LANDMARK

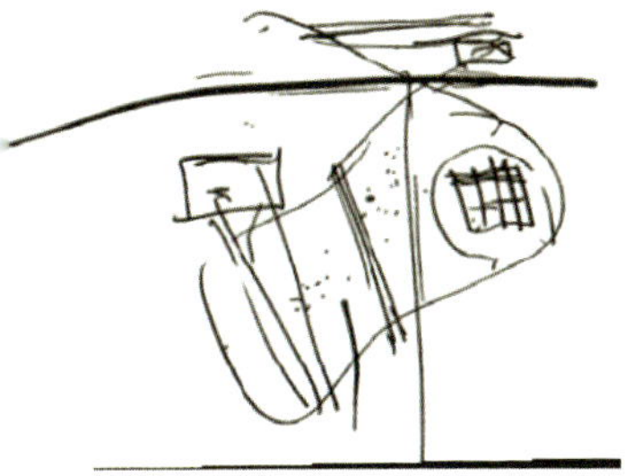

영등포역은 서울 근교에 조성됐던 영등포 공업단지의 거점으로서 정체성을 가지고 있었다. 그러나 탈산업화와 함께 소비사회가 도래하면서 역사는 백화점으로 흡수되었고, 주변으로 확산된 소비 공간을 연계하는 통로로서의 역할만 하게 되었으며, 철도에 의해 나눠진 지역을 더욱 파편화시키는 결과를 초래했다. 더욱이 인구의 대량 유입으로 지역의 인구밀도가 높아지고, 도시공간이 팽창하면서 기존 산업시설과 부지가 도심으로 편입되자, 대규모 주거단지와 상업시설 등이 기존 공장단지를 채우게 되었다.

현재 영등포 공원은 인프라스트럭처에 의해 주변 도시조직으로부터 단절돼 있으며, 단순 녹지조성에 지나지 않아 도시 컨텍스트에 대해 공공공간으로써의 역할을 하지 못하는 실정이다.

따라서 이 프로젝트는 영등포공원의 재구성을 통해 '역전광장'의 역할을 주입함으로 영등포 공원의 시공간적 정체성을 회복시키는 것을 목적으로 한다.

DUALISTIC THEATRE

Inner pespective Sketch

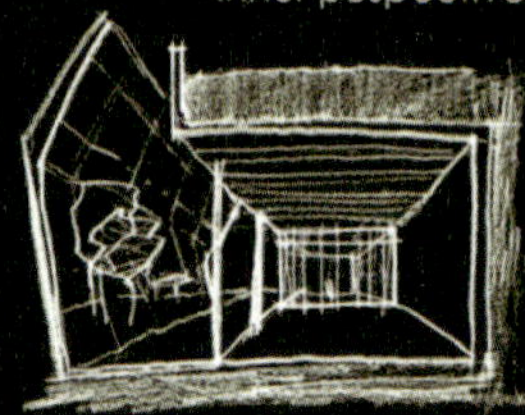

Tomb Situation

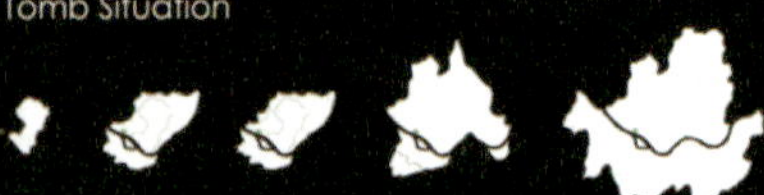

도시화 과정에서 변화하는 사이트의 상대적 위치

외인묘지 형성 당시 도성부와 성저부

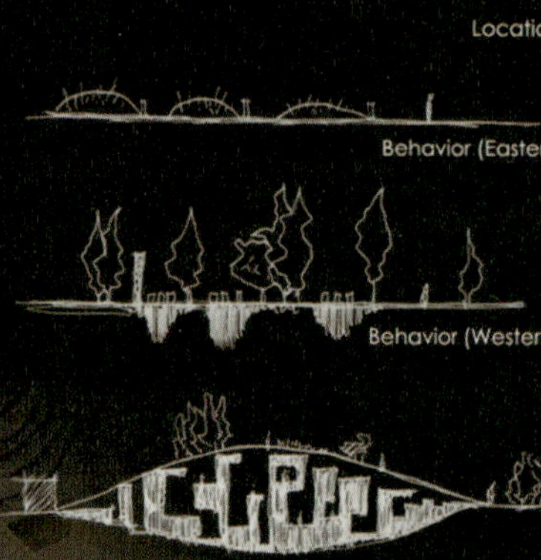

익명의 죽음을 위한 추모공원

사이트에는 선과 악처럼 삶과 죽용, 도시의 확장을 위한 죽은 공간, 도시의생성과 파괴, 호의와 박해라는 디오니소스적 상황이 존재한다. 그리고 현재의 우리상황은 선을 추앙하고 악을 터부시 하는 것처럼, 동전의 앞뒷면처럼 공존하고 있는 것들의 한부분만을 강조함으로써 사람들을 규율, 규범 속에 묶어두고 있다. 그런 의미에서 외인묘지라는, 도심 내 비일상의 공간은 그 규율을 깨어낼 수 있는 하나의 키로서 존재할 수 있다. 비 일상을 경험한 사람들은 다른 것들을 접할 때, 비록 그것들이우리 주위에서 흔히 볼 수 있는 것이라 할지라도 고정적인 시각이 아닌, 자신만의 주관적인 시각으로 해석 할 수 있고, 그 장소에 대해 자신만의 장소성을 부가할 수 있다. 타율적인 근대화의 영향으로 인해 부분부정된 역사는 그 일부분을 그 기억과 흔적에서 지우게 한다. 하지만 인과적인 흐름으로의 역사의 차원에서 본다면, 이렇게 지워진 역사는 각각의 과거와 현재 자체는 존재하지만, 그 연결고리를 만들지 못해 결과적으로는 하나의 흐름으로 읽힐 수 있는 역사가 아니라 각각의 개별적인 사건으로서의 역사로 존재하게 하며, 과거와 현재의 단절을 초래한다. 이렇게 부분부정된 역사는 터부되어진 역사이다.

SITE PLAN

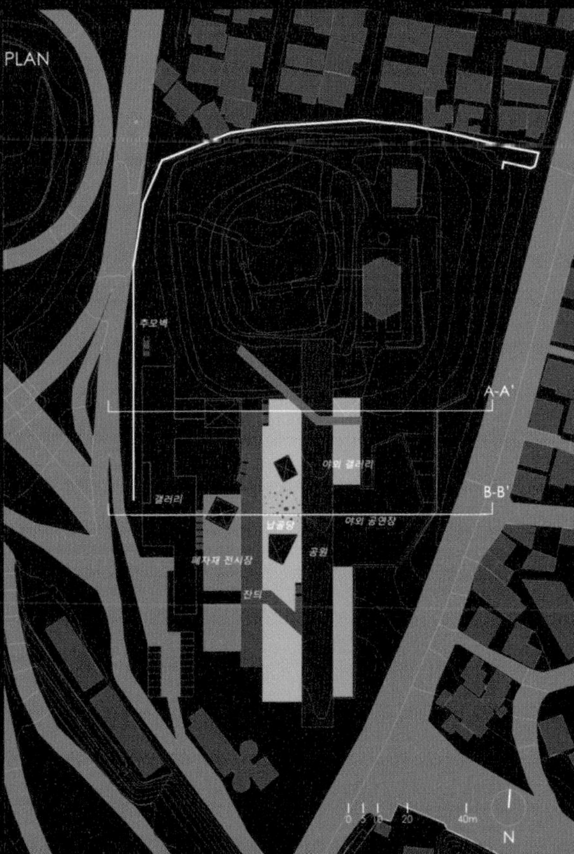

A REVERSED OBELISK

URBAN OXYGEN CYLINDER

Ancient Future : 오래된 미래의 역사적 감각

향후 20년 내 센트럴파크로 조성될 용산 미군기지와 남산 중턱 하부를 연결하게 될 녹사평역에 대해 자칫 공원 속에 파묻힌 인프라시설로 전락될 우려를 딛고 중요한 전환점으로서의 장소성을 소지할 수 있도록 조치를 취하고자 한다.

즉, 시간이 교차하는 현재의 위치에서 역사적 감각을 통해, 미래에 등장하게 될 중앙공원과 남산과 한강을 연계하는 랜드마크로서 녹사평역의 잠재력을 진단하고, 이를 통해 미래사회를 준비하는 문화공간 및 사회적 공공공간으로서의 지하 역사(驛舍)의 새로운 기능 및 프로그램을 제안하는 것을 목적으로 한다.

제안의 초점은 오늘날의 환경이 미래의 공원을 진단하는 랜드마크적 프로그램으로서 미세먼지 증가에 대비한 공기정화시스템을 공간화하는 것이었고, 다시 찾은 남산의 자연을 만끽하게 될 중앙공원에서 녹사평역을 사회적 공공공간으로서 활용하자는 것이었다.

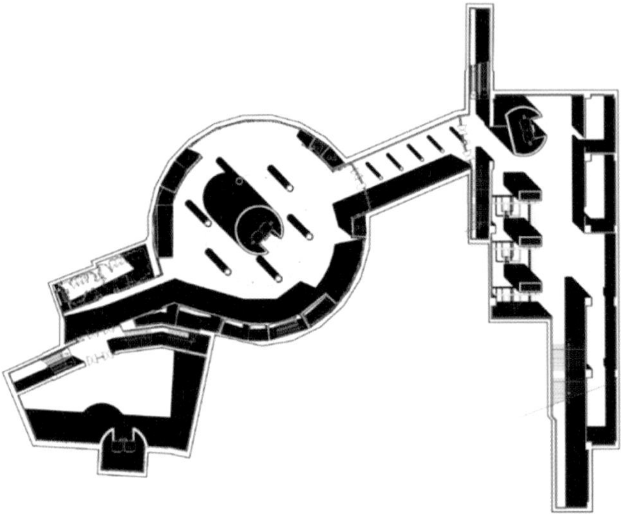

Plan 1 / basement entrance level

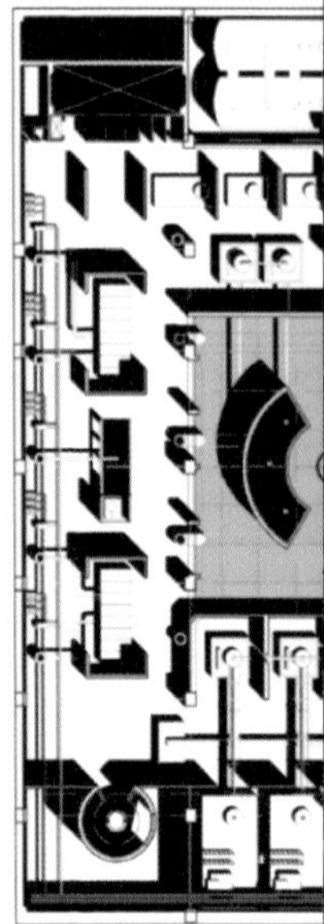

Plan 2 /

south elevation

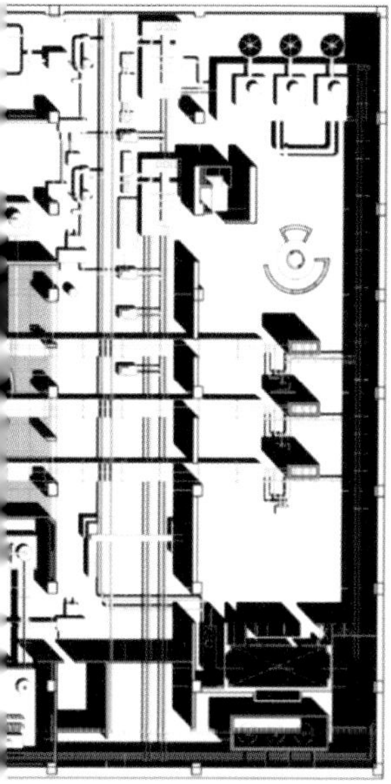

basement laboratory & system level

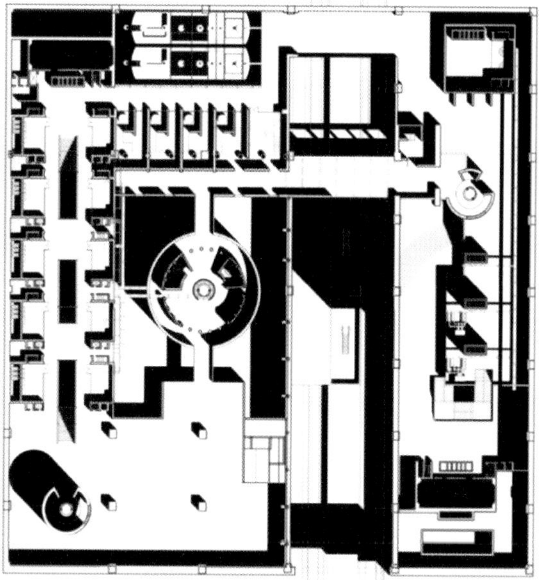

Plan 3 / basement platform level

west elevation

INTERLOCKING PASSAGE

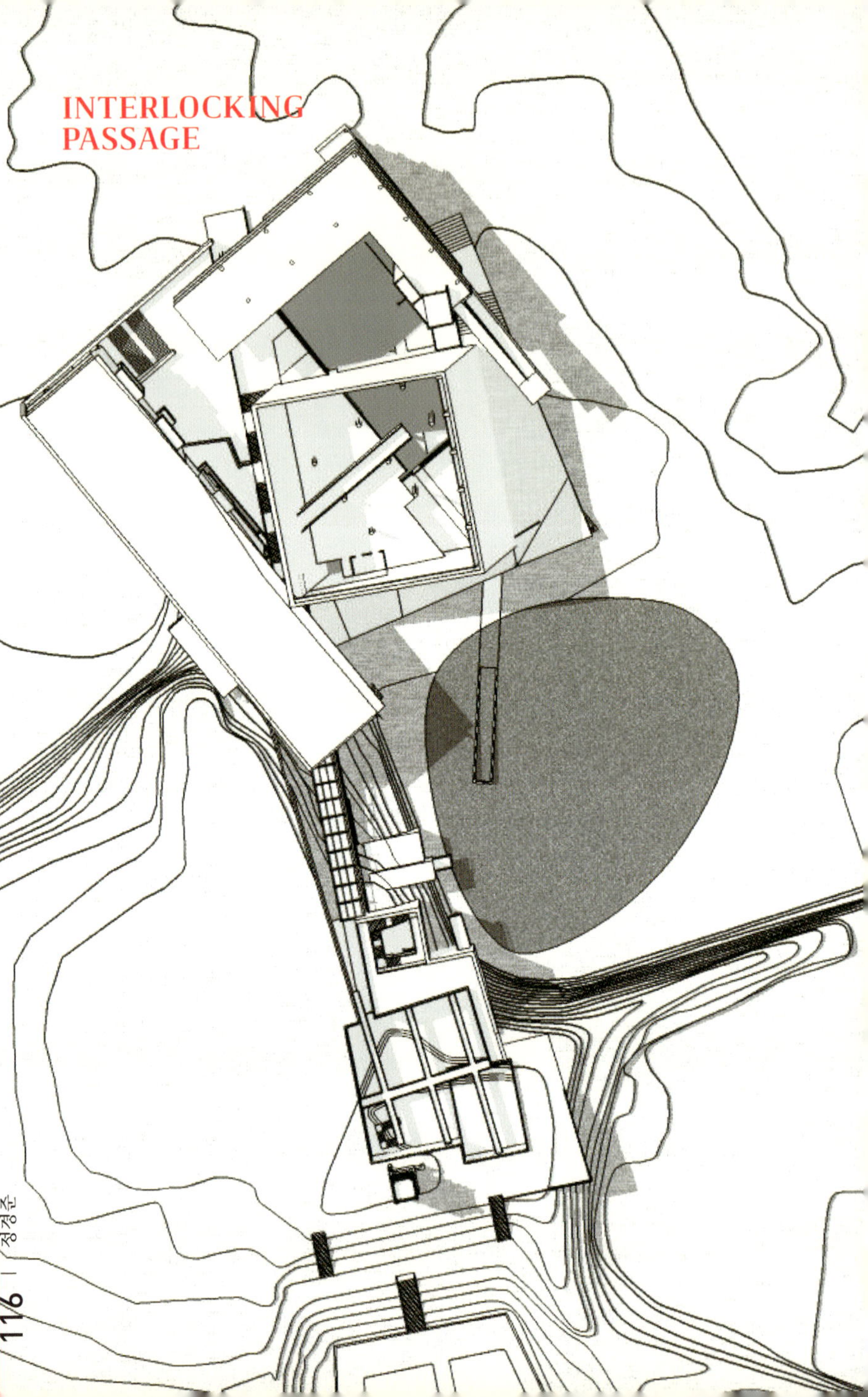

The modern architecture worshiping tabula-rasa, resulted in historical discontinuity to leave the problems in the absence of the sense of place unsolved. Likewise, today's formal restoration in the pursuit of nostalgia contributes to creation of another situation of tabula-rasa. This thesis departs rather from the question how well the restored forms deliver the original significance than from rebuking the restoring deed itself of the historical place. The study aims at providing an innovative view point to reflect the relationship among place, city, and history. In other words, the study attempts to examine historical restoration not as a form but as representation of memory through narrative thinking in the city where heritages, as mythical existence, are experienced irrelevantly to the historic truth.

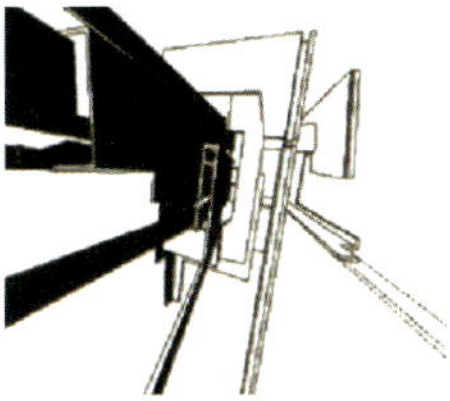

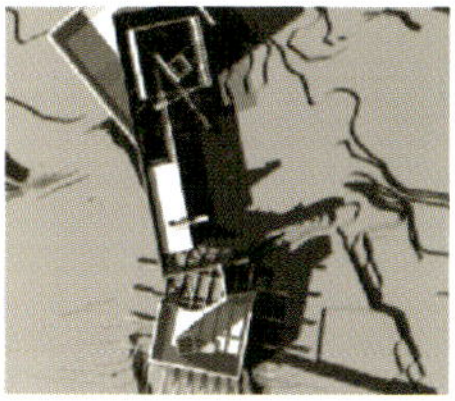

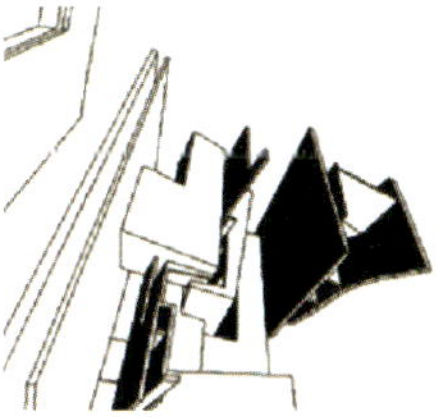

FILTERING LANDSCAPE

A STUDY ON REVITALIZATION OF ISOLATED URBAN EDGES

A city is intimately related to water. A city has been developed along the river, from the history and civilization stand point, and water has been considered as a fundamental source for sustaining a city in terms of economic progress including agriculture and industrial evolution. The city of Seoul has been evolved from the Lee Dynasty along the Han River which has been the axis of the urban development. However, an excessive city development and continuous environmental destruction has caused the flood in lowlands along the Han River in summer monsoon Stream. Even though the city government has made a great effort to reorganize and protect the river shore area with concrete embankment and increase the number of rainwater pumping stations every year, it is inadequate preparations for unpredictable precipitation.

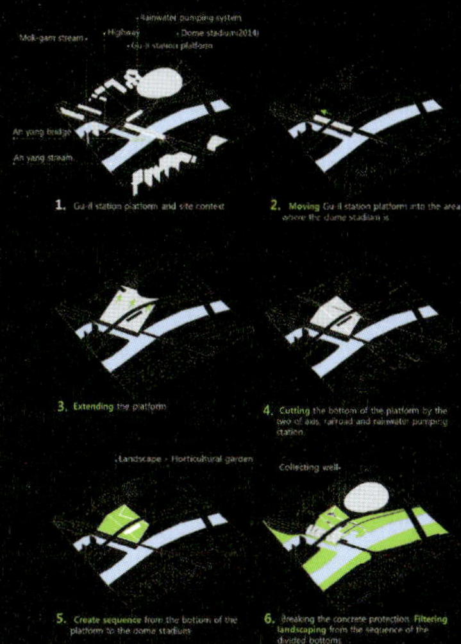

<Design process>

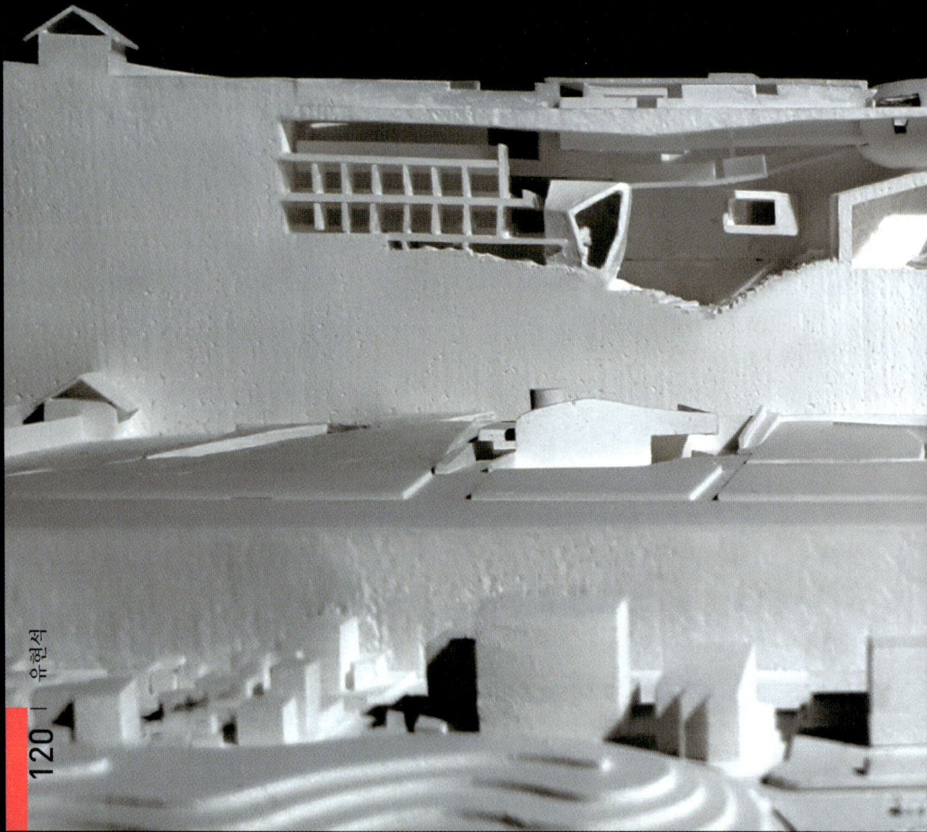

CITY HACKERS PASSAGE

도시 해커들을 위한 지하 도시건축 공원

서울은 조선 이후일제강점기와 한국전쟁, 치열했던 산업화와 도시화의 흔적이 다양한 풍경으로 콜라주된 도시다. 서울은 1980~90년대에 이르러 지하대중교통, 도로, 상하수도 등의 도시기반시설을 갖추게 되지만, 무계획적 도시 확장으로 일상의 공간과 사람들의 생활이 소멸되었다. 이 프로젝트는 종로를 중심으로 전개된 도시화의 축이 조선의 시간을 만나는 종묘 앞 광장과 세운상가 전면부 사이를 대지로 선정하고, 종묘지하주차장을 연장하여 대지에 각인된 시간적 경계를 공간적으로 전환함으로써 도시민들이 문화의 주체로서 도시의 변화를 체험하고, 참여하며, 소통하는 지하 도시 건축공원(통로)을 제안하는 것을 목적으로 한다. 특히 종묘지하주차장과상부공원을 지하공간으로 유입하여, '도시해킹'의 행위를 통해, 사라진 도시 풍경들과 파편화된 공간을 다르게 체험하는 지하문화공간에 대해 초점을 맞추고자 한다.

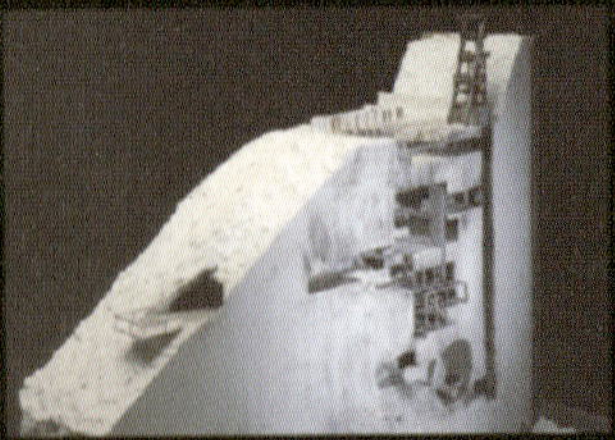

VESTIGE

Taebaek and Gohan were famous for mining industry in Korea. The first village under the sun, Taebaek area was increasing as main producing place of coal within the country, but since rationalization policy of mining industry, due to coal industry that is based on regional economy has became collapse, social problems are caused, for example, a decrease in population, a cavity of region, contracting of regional economy. Most mine worker became city pauper that was caught in a vicious circle. There is not alternative to keep coal industry because most people prefer to cleanness fuel and disregard coal which is inconvenient, dangerous and difficult to move. This phenomenon is a natural result. I think that it needs to promote a substitution industry, like as the tourist industry.

I want to suggest coal museum as first step of tourist Taebeak. This museum should include value as contemporary vestige about coal had became like a relic of the past and space which is able to feel miners life had been lived with a suffering.

TOWER OF SENSATION

Meditation Park

CONTEMPORARY ART CENTER

본 설계는 도시와 건축, 장소와 시간간의 상호 간섭을 재해석하는 이론적 과정을 중첩과 간섭, 프로그램의 전이를 통해 실제적 계획으로 구체화하려는 것으로 창고군의 재구성을 통해 구도심의 사장된 지역성을 강화시키려는 시도이다.
기존의 창고가 가졌던 저장의 기능을 새롭게 유추하고, 문화적으로 낙후한구 도심에 활력을 줄 수 있는 제안으로 물질축적에서 문화축적으로의 전환을 의미하는 현대 예술센터를 새로운 프로그램으로 적용하고 있다. 창고라는 프로그램이 가졌던 저장을 위한 공간적 특성들을 공간 재구축을 통해 해체하면서, 새로운 프로그램에 적절하도록 재구성하는 작업은 장소와 시간을 목도할 수 있는 산업적 유물인창고의 틀 속에 현대의 문화적 생산물을 저장한다는 표미로운 사건을 유발시킬 수 있는 가능성을 가지게 될 것이다.

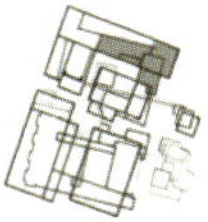

PUBLIC

enterance hall/lobby
reception/event hall

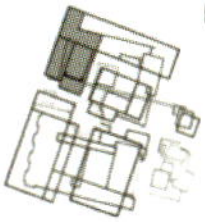

INSPECTION

cinema/hall/previewing room
information/office

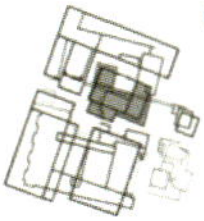

LIBRARY

lobby/book storage/vidio
reading room/open theater

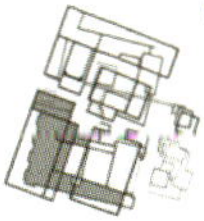

WORKSPACE

studio/office/hall/cutting room
darkroom/conference room

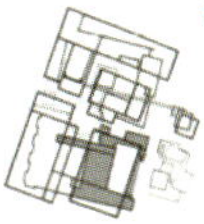

EXHIBITION

main gallery/lecture hall/office
photo.info-art,open gallery

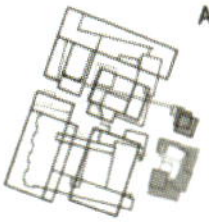

ADMINSTRATION

shop
(art shopping area)

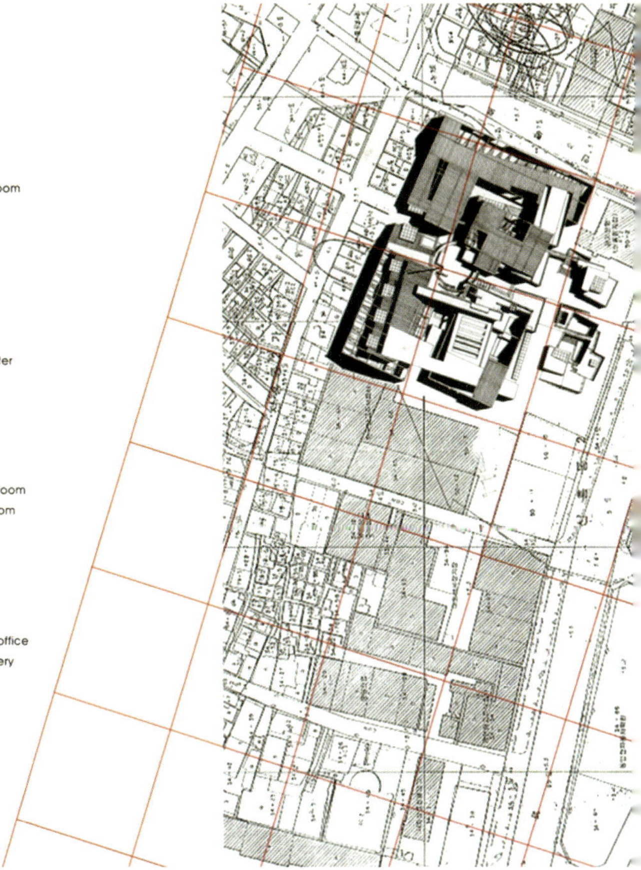

MEDIA BOX

충무로는 영화와 인쇄의 도시이다. 하지만 현재에 이르러 새로운 매체인 디지털이 점점 그 영역을 잠식해가며 장소가 갖는 의미가 희석되어가고 있다. 또한 영화, 인쇄물, 그리고 디지털의 영역은 서로 전혀 다른 형태로 발전해 가고 있다. 충무로에 대한 사람들의 기억과 새롭게 변하는 미디어 매체들을 하나로 엮을 수 있다면 어떨까? 이러한 세 가지 매체는 각기 애니메이션, 코믹스, 게임의 형태로 만화라는 예술과 접목될 수 있다는 점에 주목할 수 있다. 그리고 세가지 매체가 만화라는 하나의 장르로 통합될 수 있는 공간을 모색해 보고자 한다. 이를 통해 충무로에서의 매체 간 층들을 해소하고 만화라는 장르를 효과적으로 사람들과 호흡할 수 있을 것이다. 결국 충무로라는 장소에 각각의 미디어들이 접하는 공간을 마련하고 공통의 접점과 차이가 시너지를 이루며 새로운 이벤트와 사건을 유발할 것을 기대해 본다.

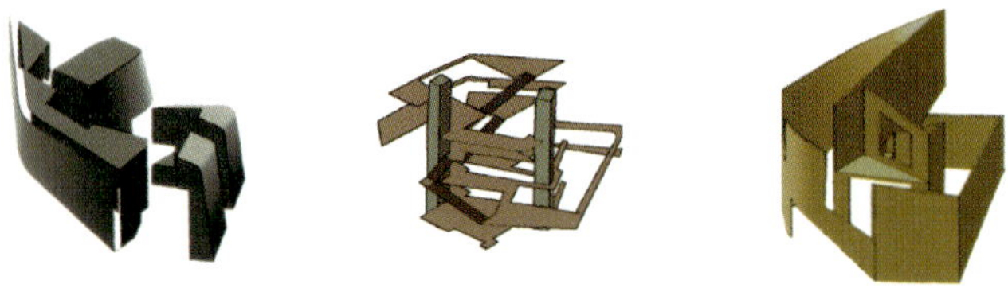

MONASTERY ON THE CITY

Civilization has progressed rapidly since the industrial Revolution. Today, information society has come and life without computer cannot even be imagined. This particular phenomena results in dilapidation of humanity and mental desiccation. Urban monastery is intended to provide an asylum 1 or those who search for the myth of yesterday, individual world of spirit. Monastery once became the center of the city like Verona. But this urban monastery parasitizes in the jungle of high-rise buildings in a modern city, particularly on the skin of the intelligent skyscrapers, to provide shelters for meditation and recovery from mental disease.

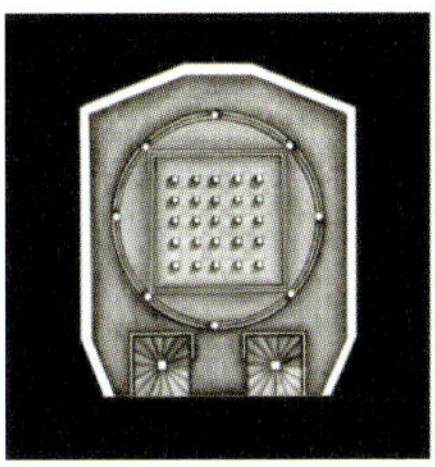

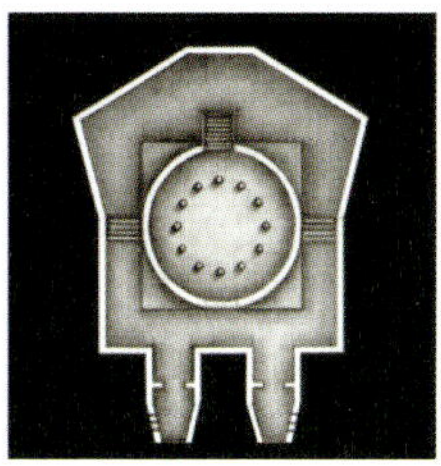

HISTORICAL BRIDGE

건축으로 다시 쓰는 고구려사

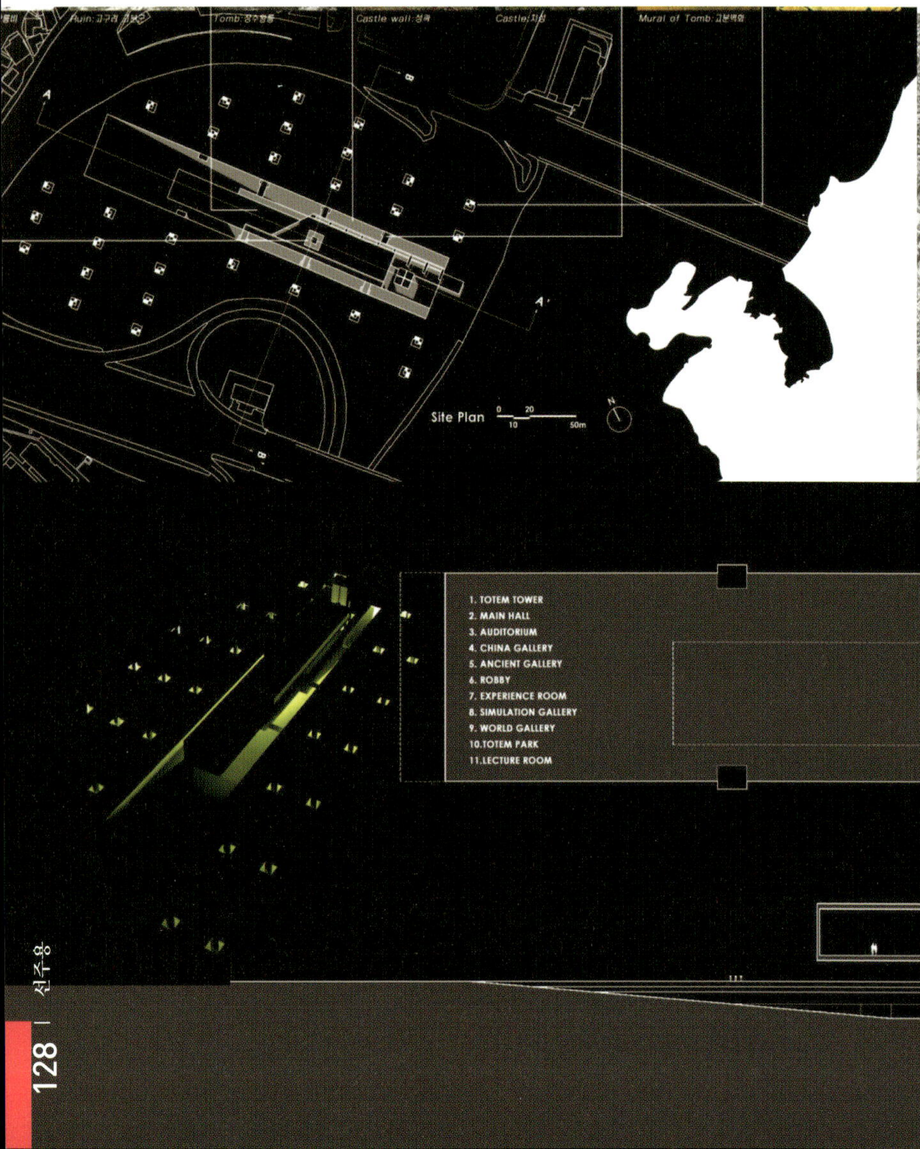

우리의 역사 문화는 고구려의 무의식적인 향수는 있어도 그것을 밑바탕으로 할 지리적, 문헌적, 고고학적 자료의 미흡으로 가시적인 문화적 행위가 어려운 실정이다. 서울 광진 지역에서 아차산성의 발굴과 그와 함께 밝혀진 고구려의 흔적들은 이러한 역사 문화적 갈증을 해소하고, 도심 속에서 영토의 개념을 떠나 지속가능한 역사로서 작용할 수 있음을 시사한다.

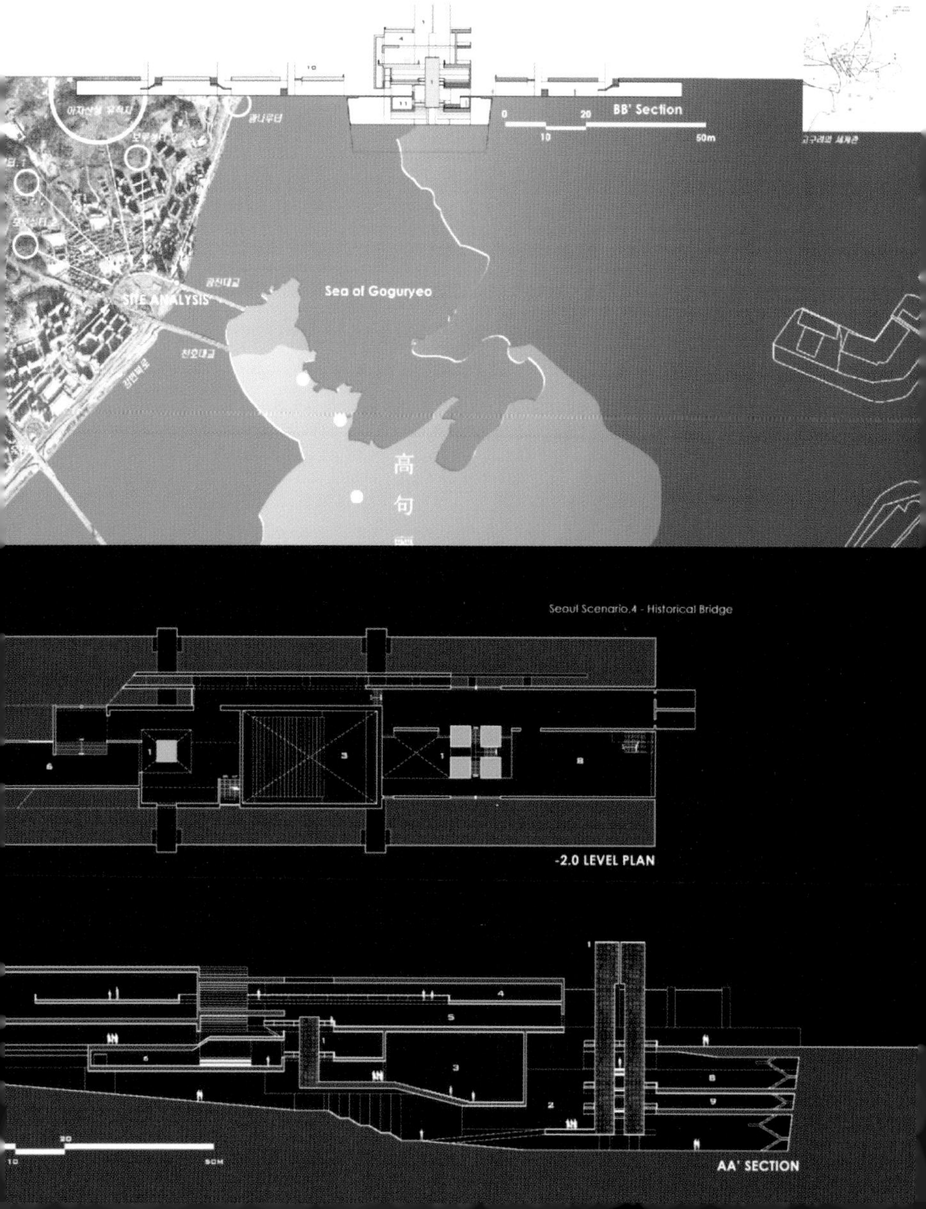

collage of site

REFORMING THE CITY IN A CITY

photograph of site

SOUTH ELEVATION

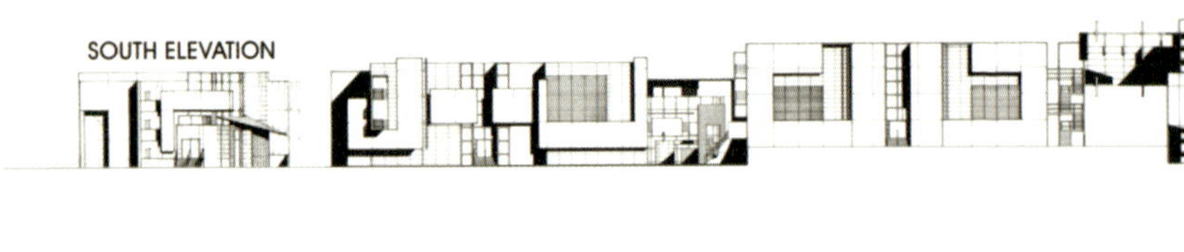

도시가 확장되어짐에 다라 도시 내부로 편입되는 이상적 void가 아니라 비도시적 프로그램이 삭제됨으로써 다른 의미로 남겨지는 도시의 공헌부로서 종로의 도시적 체험들이 각인된 양피지(palimpsest)의 역할을 하고 있다. 현재의 도시 또한 field에 각인된 기억의 단편들이다. 근대 건축의 것들도 함께 공유할 수 있는 맥락을 찾아서 해결하자는 방법을 제시하고자하며 이러한 일련의 작업들은 각각의 것들이 연관을 맺게 된다.
이와 동시에 객체적 이미지의 부활을 꾀하여 공동성을 찾게 되는 것이다.

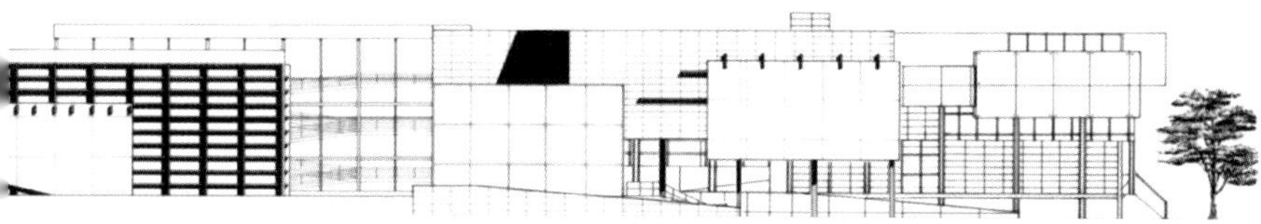

PAPER GARDEN

시간의 틈이 생기는 곳에서 전시

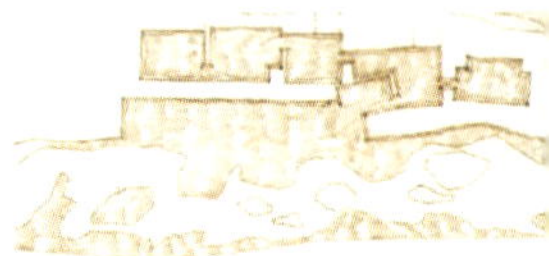

판석우

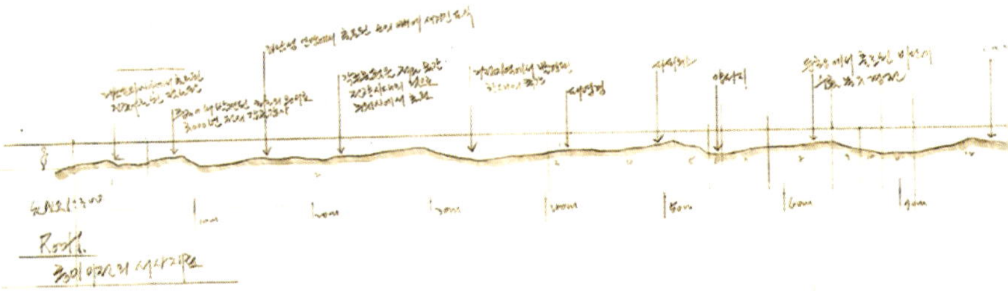

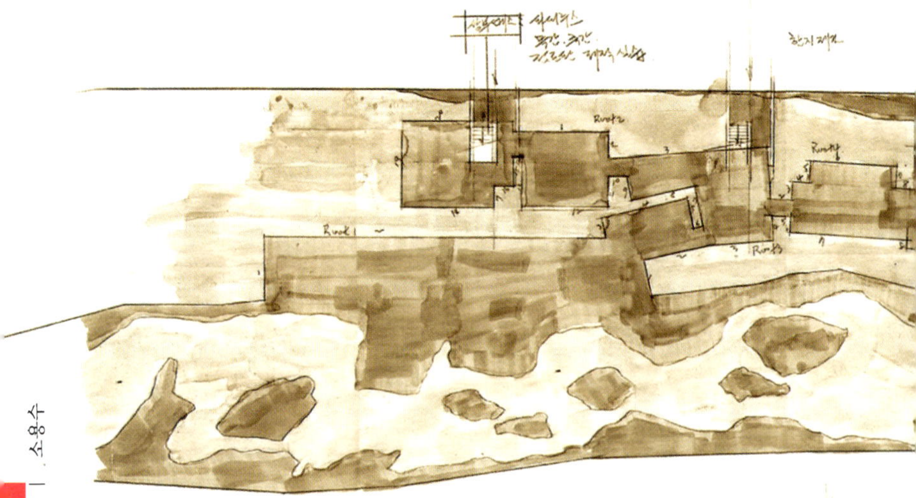

홍제천에 새겨지는 종이의 역사 지도 ▶

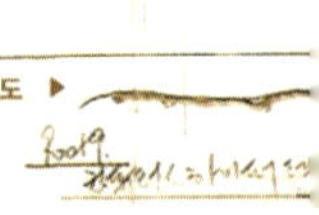

홍제천 상류 지역에 조선시대 종이 공장을 세운 이유는 주위가 낮은 산으로 둘러싸여 종이 원료인 닥나무 재배에 유리하였을 뿐 아니라 삶아낸 닥나무 껍질을 헹구어내는 데에 반드시 필요한 맑은 물이 북한산에서 흘러 내려와 홍제천을 이루고 주위에 반석이 많아서 종이를 말리는 데에 알맞았기 때문이다.

기존의 주택의 일부 벽면을 extrude시켜 구조체를 잡고 그 위에 공간에 필요한 실들을 넣는 것이다. 구조체의 역할은 상하 동선의 연결과 진입을 가양하게 하는 데 있다. 이 계획안의 section에서는 3가지의 영역으로 나누어진다. 하나는 홍제천의 바닥에서 이루어지는 물과 직접 만나는 부분이고 두번째는 건물의 북쪽면과 옹벽이 만나는 부분의 영역으로 주 동선이 해결된다. 다음으로 실내의 영역으로 내부에서의 시선의 방향은 홍제천의 바닥으로 향하도록 하였다.

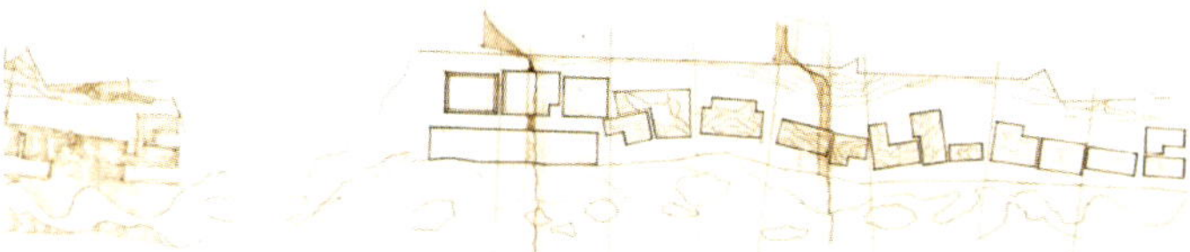

도시의 부유물들을 제거

기존 불법 주거군

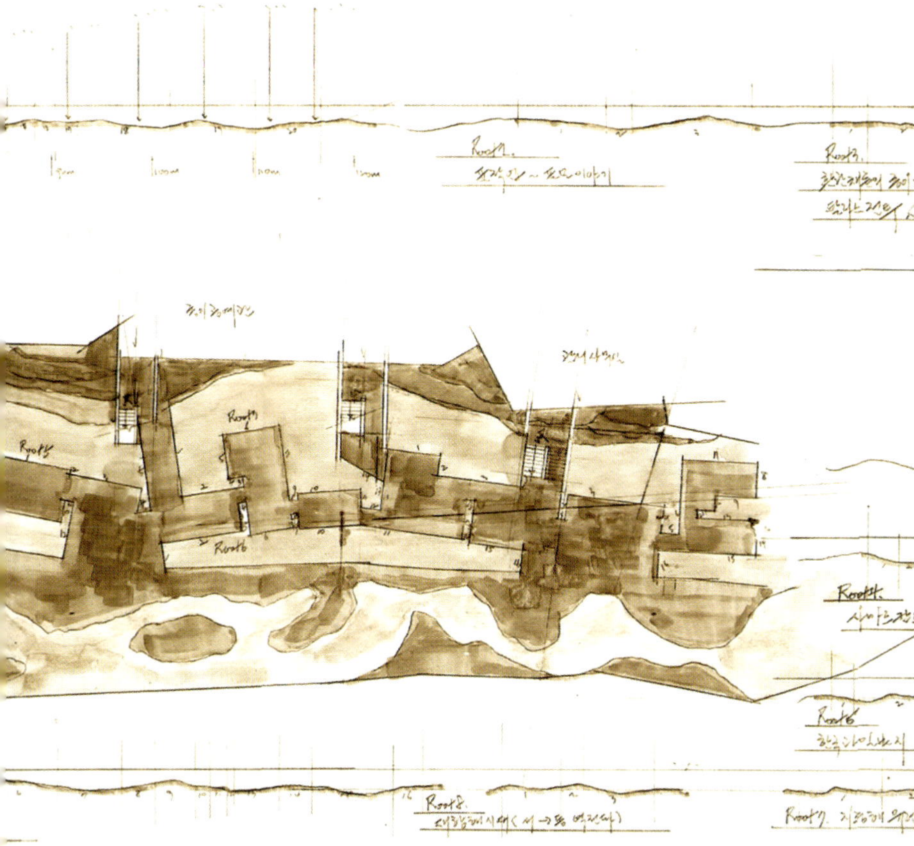

시각이자 현재 우리의 시각이라 할 수 있는 OVERLOOKING을 통해 바라보게 된다. 이 SITE에서의 GRID 패턴은 형식과 내용에서 분리되어 있다. 공간과 성격은 그리드의 형식을 취하고 근대도시를 표상하고 있으며, 통의동의 void를 채우면서 전근대 도시와의 충돌을 통해 근대화 과정의 감성을 재현해 낸다.

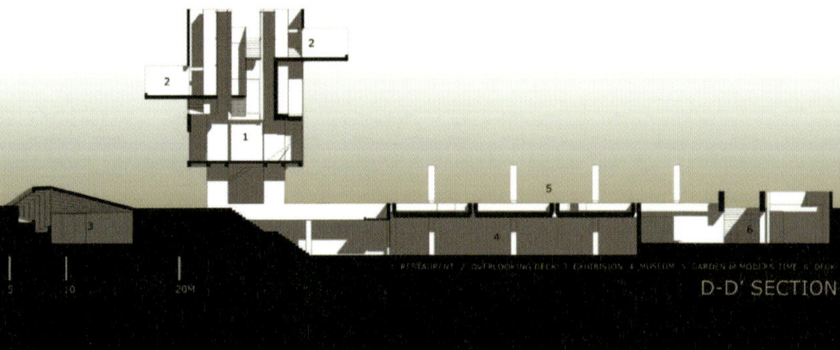

LAPIDARIUM

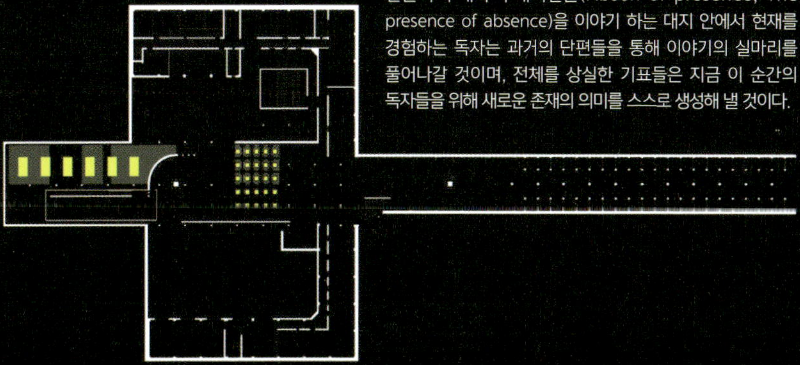

현존의 부재와 부재의현존(Absen of presence, The presence of absence)을 이야기 하는 대지 안에서 현재를 경험하는 독자는 과거의 단편들을 통해 이야기의 실마리를 풀어나갈 것이며, 전체를 상실한 기표들은 지금 이 순간의 독자들을 위해 새로운 존재의 의미를 스스로 생성해 낼 것이다.

POTENTIAL STRUCTURE

이 연구는 현대 도시에서 전통적인 유형학의 가치는 더 이상 형태생성을 근간으로 할 수 없게 된 점을 지적하고, 현대 건축의 가장 큰 특징인 프로그램과 연관하여 프로그램의 구축방법을 통해 유형학을 재해석하고 이를 방법론적으로 재구성하여 그 적용성을 진단하고자 한다. 특별히 프로그램을 건축적으로 도구화하는 전략으로서 다이어그램에 초점을 맞추고, 현대 건축가중 이러한 프로그램의 다이어그램을 유형학적 용도로 사용하는 건축가의 작품들을 분석한 후, 프로그램의 재해석, 다이어그램의 생성, 그리고 이에 대한 구축의 방법을 논의하고자 한다. 아울러 그 특성을 분석하여 발견되는 공통분모를 통해 현대 도시건축의 수정된 유형 개념에 대해 논의할 것이다. 프로그램적 유형 변이를 통한 설계 전략은 새로운 도시의 변화에 대응하는 방법론으로서의 가치를 지니게 되며 고전적 유형학이 가지던 형태적 경직성과 전형성을 극복할 수 있는 가능성을 보여줄 것이다. 경직되고 단순한 기능의 해결이 아닌 도시의 복잡성에 대응할 수 있는 전략과, 지속적으로 변화되는 도시 삶(urban life)이 발현하고 증식할 수 있는 조건들(conditions)을 형성할 수 있는 디자인 방법론을 제안한다. 형태를 생성하기 위한 건축내부의 논리 혹은 단순한 생산도구로서의 유형이 아닌, 생산 조건에 내재하는 복잡한 외부의 도시적 요소와 상호 반응하고 변화하는 가치에 적응하며 진화하는 방법론으로서의 의미를 지닐 수 있을 것이다.

potential structure
potential structure
project type 석사 논문 디자인 실험
program teatro + guest house
site 정동
personal work
a part design, presentation (drawing, model)
date 2007. 03-06 (12 weeks)
programmatic promenade

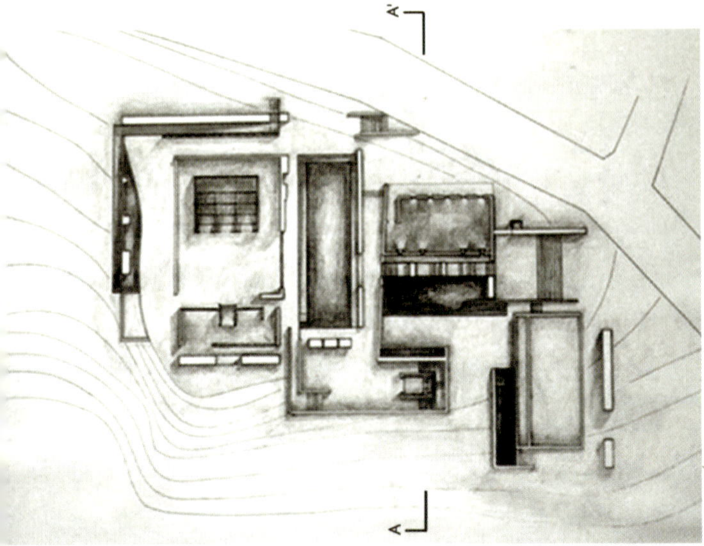

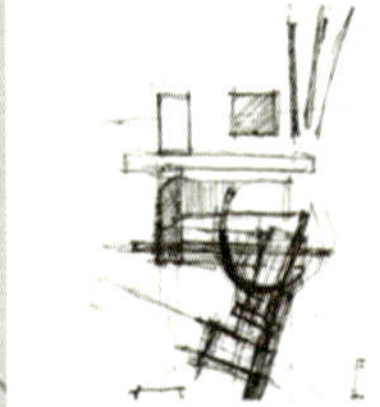

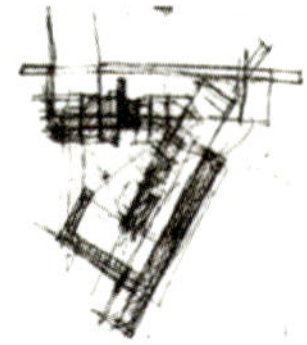

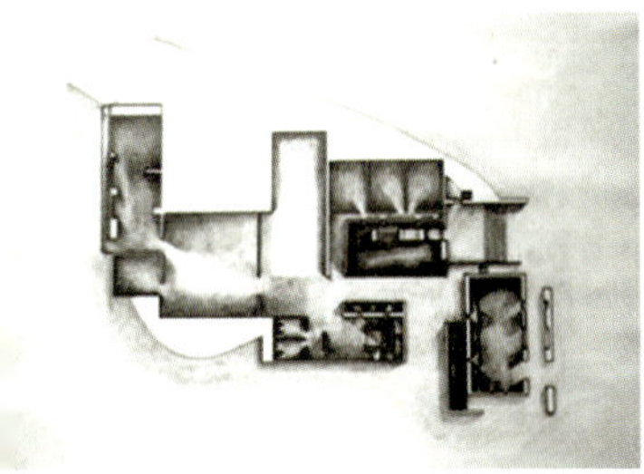

도시의 사원

샤머니즘은 가장 원시적인 종교의 한 형태로서 인간과 신을 연결해주는 역할을 했다. 자연적 두려움, 사회적 갈등을 샤머니즘적 다양한 행위를 통하여 정화 작용을 해오고 있다. 주어진 대지는 현재 우리 민족의시조인 단군을 모시고 있는 사당이다. 아직도 단군에 대한 제의적 행위가 이루어지고 있는 곳이다. 단군의 성전인 부군당을 성역화시키고 이러한 샤먼적 행위를 연구하는 곳을 제안함으로서 이곳을 찾는 사람들의 마을을 정화할 수 있는 곳을 만들고자 한다.

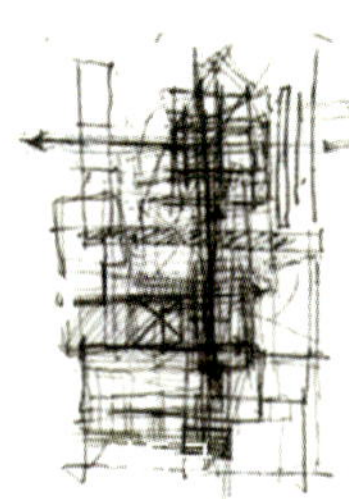

NOMAD'S HOUSE

[STATION OF INCHEON]

근대 기능결정주의가 만들어낸 고정된 주체가 아닌 자율적 주체의 참여로서 해석되며 단일 주체의 관점이 아닌 복수주체의 시점을 고려하게 한다. 그리고 대지가 가진 숨겨진 권력의 형태에 대한 양가적 해석을 기본으로 한다.

따라하기의 모방이 아닌 기억하기에 의한 재현의의미로서 파악할 수 있으며, 내용과 형식의 대립을 통해 양가적 형태로 재현된다. 건축에서의 일시성에 대한 해석을 무대 장치의 개념을 통해서 적용할 수 있으며, 이는 콜라주가 가지는 단편들의 조합으로서 3 자원적인 꼴라쥬로 파악할 수 있다.

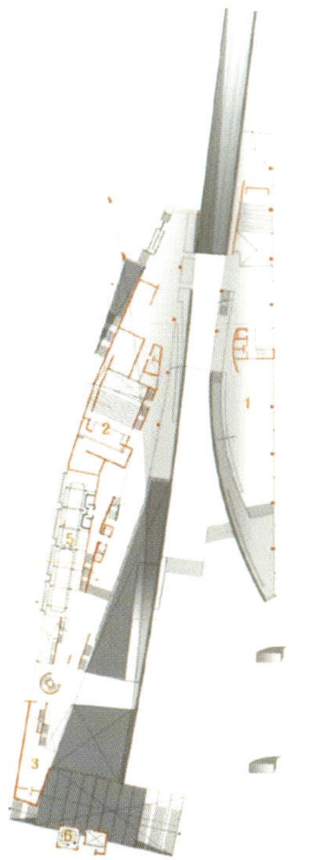

URBAN SUSTAINABILITY

JUNK ART CENTER

인간이 만든 인공의 자연인 도시는 실제의 자연의 그러한 것처럼 자신만의 지속제계를 갖고 있다. 도시의 하부구조를 이루는 유형, 두형의 infrastructure와 그 안에서 인간이 영위할 수 있는 일련의 모든 행위 들인 욕망이 바로 그것이다. 인간은 자신들의 욕망을 위해 infrastructure를 건설하는 것이고, 그렇게 만들어진 하부 구조는 인간의 욕망을 충족시키는 것이다. 그러나 구대도시로 부터 현대도시에 이르는 도시의 과밀화, 거대화에 의해 하부구조인 infrastructure는 도시의 조율, 통제 시스템으로 그 가치가 전이된다. 여기서 근대도시에서와는 달리 상부구조 대 하부구조라는 이항 대립관계는 폐기된다. 즉 현대의 도시는 조율, 통제 시스템으로서의 infrastructure와 욕망 사이의 변증법적 상호보완관계에 의해 지속되는 것이다. 이때, 적절한 상호보완관계에 있을 때의 도시를 욕망이 마음껏 부유하는 '매끄러운 공간'으로, 그렇지 못할 때의 도시를 욕망이 고착화되는 '홈 페인 공간'으로 부를 수 있을 것이다.

City = Infra ± Desire

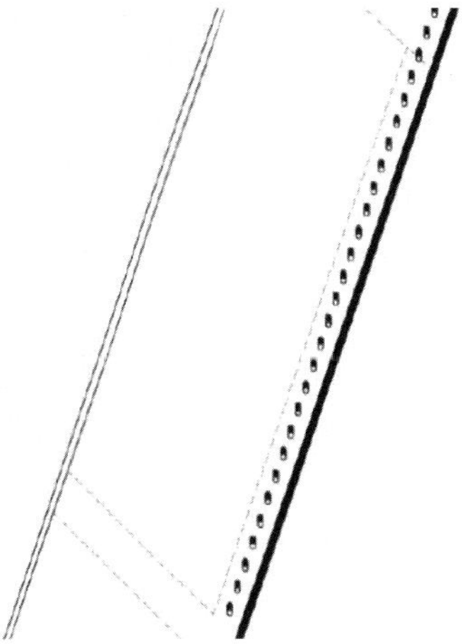

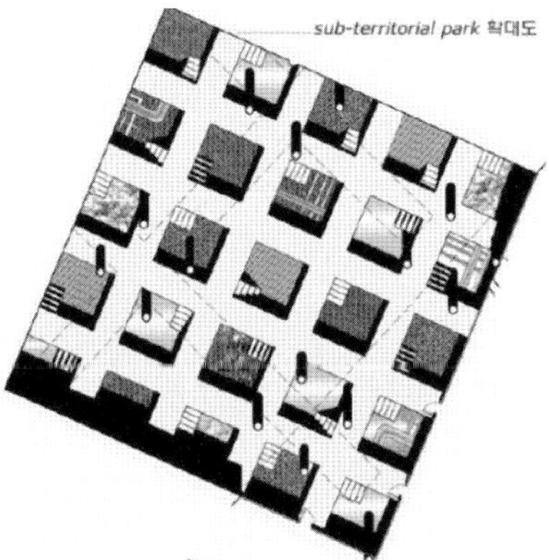

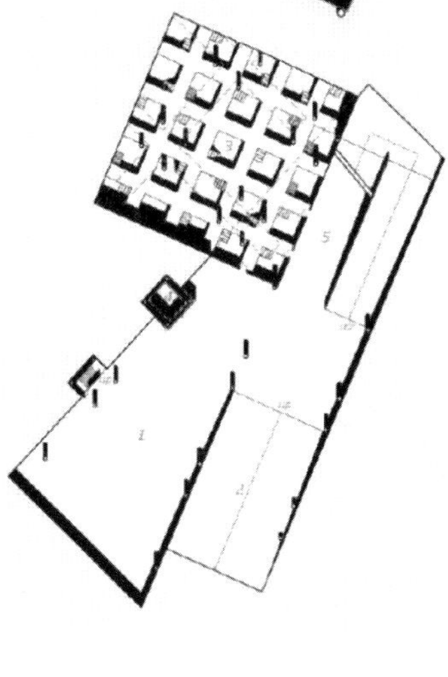

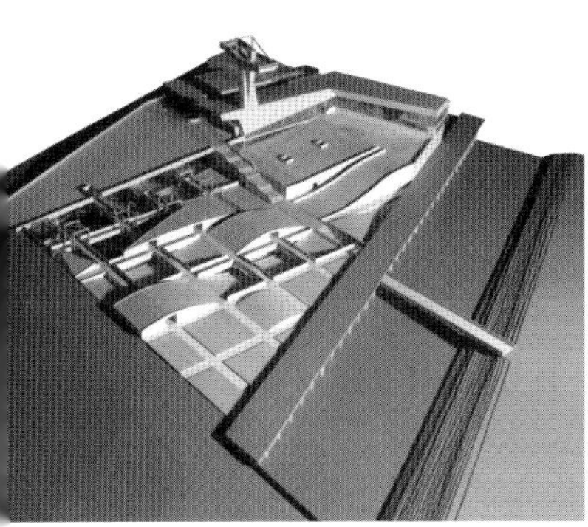

UNIVER - CITY OF CULTURE

프로젝트에서는 혜화동 로터리를 대지로 선정하고, 서울의 대학로가 가지는 문화를 대학이라는 프로그램과 연계하여, 역사적, 문화적, 그리고 사회적 성격을 아우르는 경계공간으로서의 새로운 유형의 대학을 디자인하고자 한다. 특히 조선시대 이래최고의 교육기관으로 위치한 성균관으로부터 유생들에 의해서 형성된 반촌이라는 문화공간의 관계를 현대적으로 재해석하여 이후의 역사적 사건들을 장소화하기 위한 전략적 문화공간을 제공하는 것이 이 프로젝트의 목적이다.

혜화로타리
Site
대학로 주요 활동 지역
대학로 주요 활동 지역

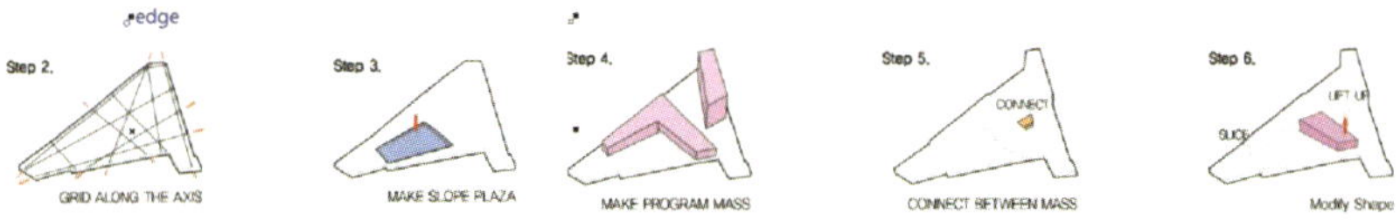
edge
Step 2.
GRID ALONG THE AXIS
Step 3.
MAKE SLOPE PLAZA
Step 4.
MAKE PROGRAM MASS
Step 5.
CONNECT
CONNECT BETWEEN MASS
Step 6.
LIFT UP
SLICE
Modify Shape

B – B' Section

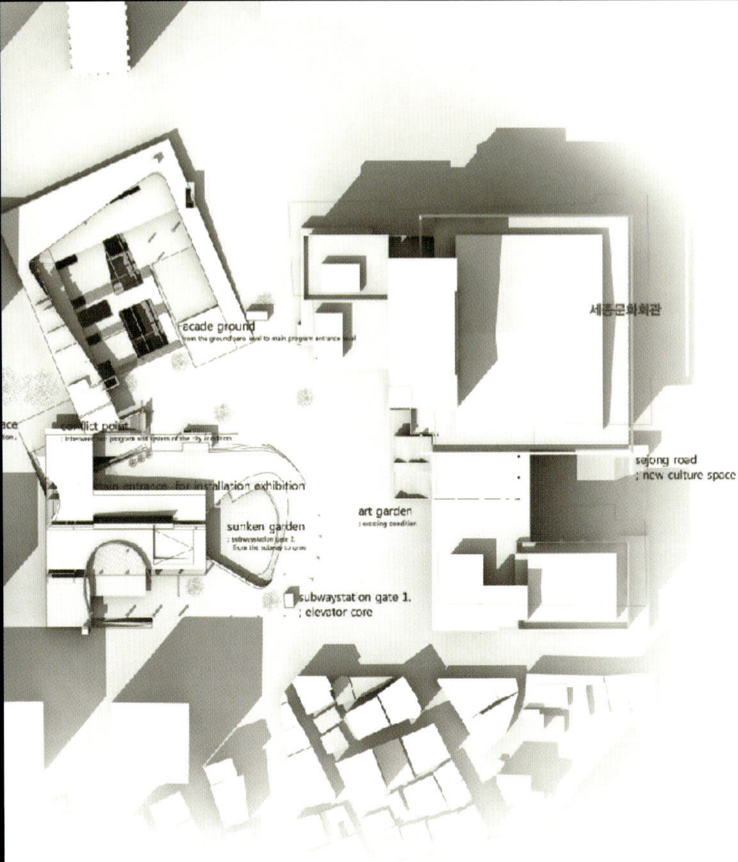
acade ground
세종문화회관
conflict point
sejong road
; new culture space
sunken garden
art garden
subwaystation gate 1.
; elevator core

[sunken garden]

FACADE GROUND

디자인 실험을 위해 선정된 부지는 세종문화회관 뒤편으로 2블럭의 면적을 포함한다. 본 디자인 실험을 통해 복원된 세종로가 야기하는 문화적 흐름을 도심에 위치한 대지로 유도하고 권력의 표상으로 존재하는 세종로 주변 FIGURE 계획을 반전시켜, 이면도로를 낀 도시 안 GROUND FACADE를 조성한다. 기표 자체의 권력적 상징성에 치중한 세종문화회관과 세종로 복원 사업의 FIGURE중심적 계획을 비판하며, 잠재성을 극대화하기 위한 디자인을 제안한다.

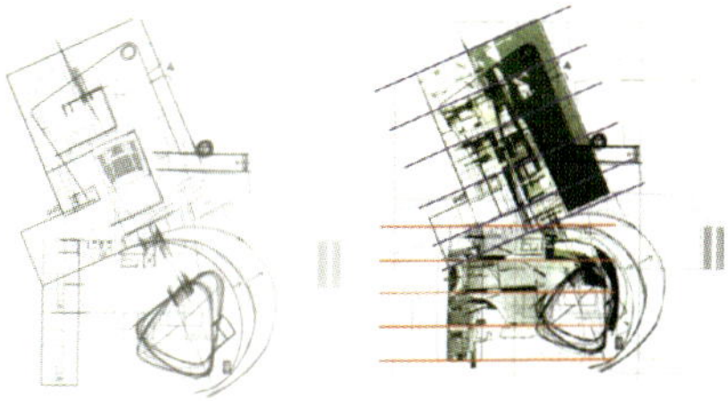

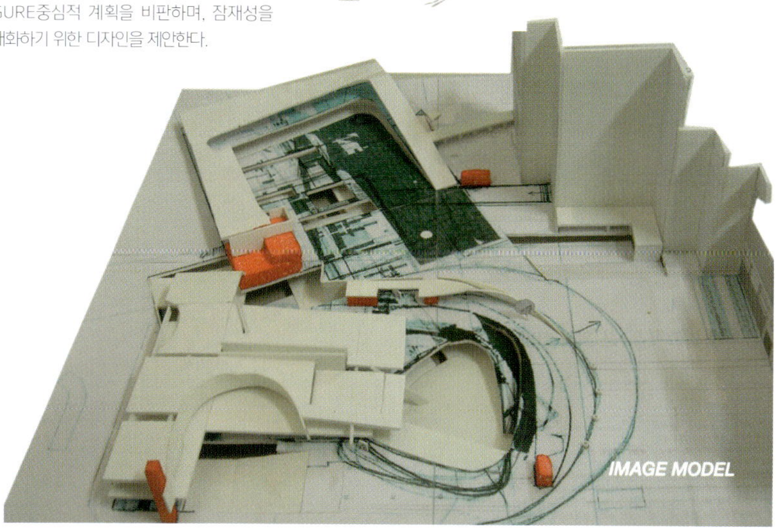

PATAPHYSICAL RUIN FOR COLLABORATIVE SOCIETY

Located at the east edge of Seoul, Imun-dong area, a chosen site, had been used for support facilities related to coal mining industry which was the main sources of energy in 1960s of Korea. As the use of coal energy began to be on the decline during 1990s, however; coal mining fields and briquette manufactories were closed and the Imun-dong coal mining fields have turned to be the railway vehicle base.

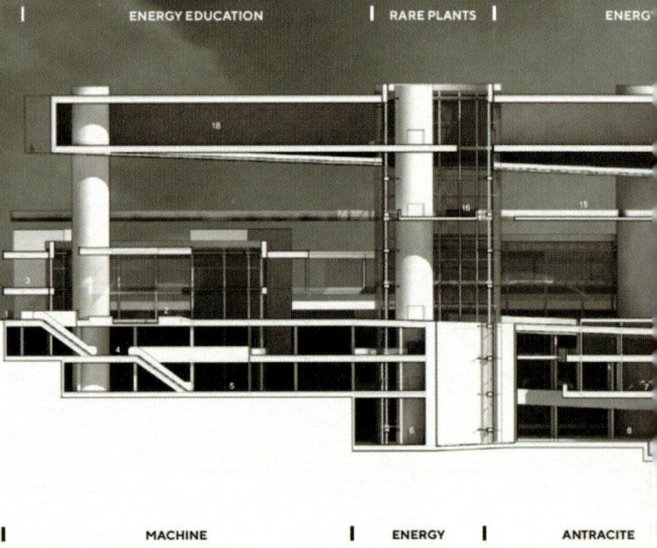

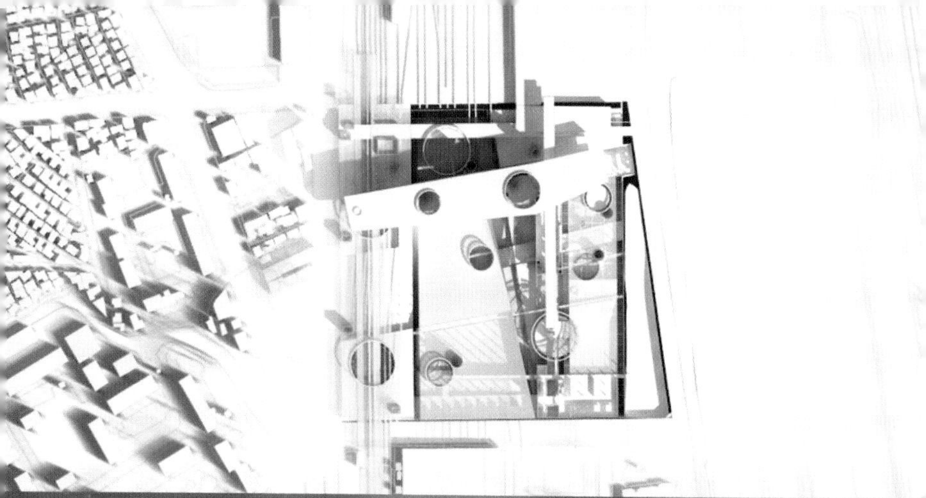

Having been incorporated into Seoul, Imun-dong seems still isolated and left to be a 'no man's land'. The project intends to investigate the historical characteristics of the site area, to interpret the attributes of the Imun-dong context with regard to the program, and to propose a new type of subway station that acts as a socio-cultural link, namely a social platform.

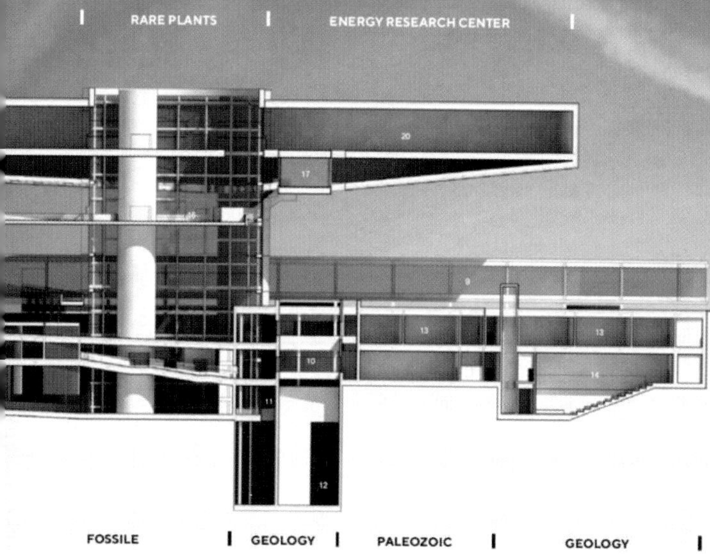

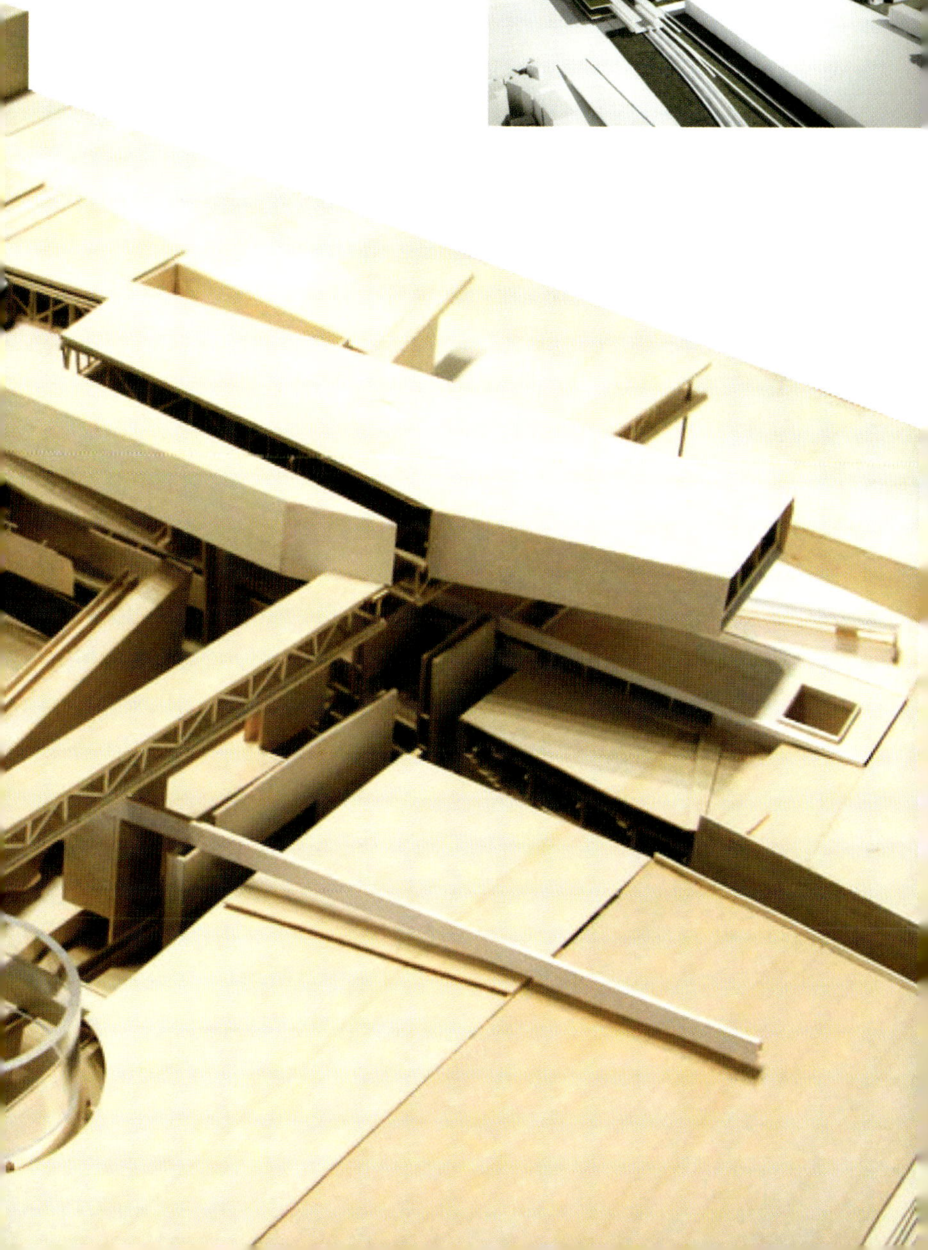

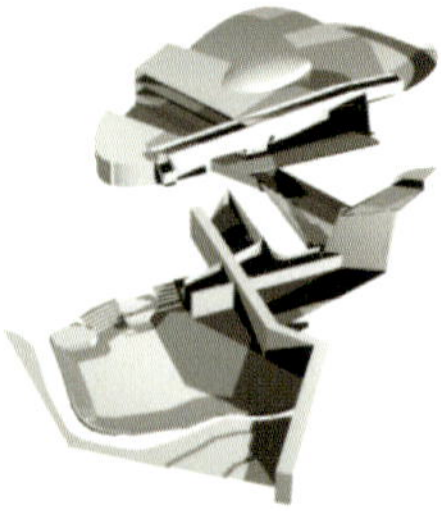

URBAN PALIMPSEST

이 프로젝트는 단순히 오래된 유적이라는 이유로 현대도시와의 상관성을 간과한 채 일차원적인 복원행위만을 강조하는 행태에 대한 의문을 바탕으로 시작된다. 또 다른 허상으로서의 복제품을 생산하는 현재의 무비판적인 복원행위와는 다른, 현대도시와 역사 사이에서 대지의 장소성에 대한 새로운 의미를 찾을 수 있는 재현방식에 대해 살펴보고자 한다.

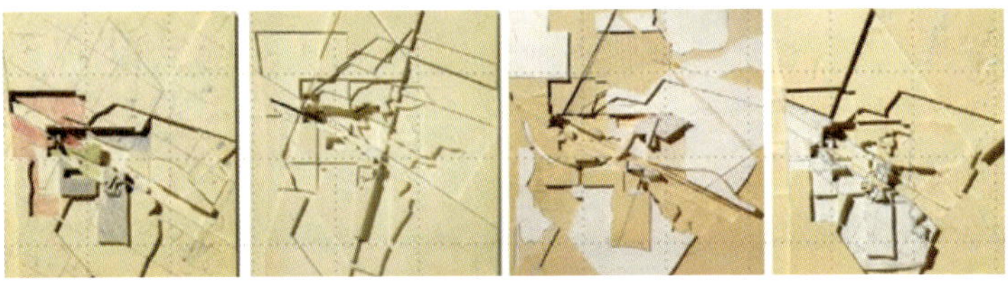

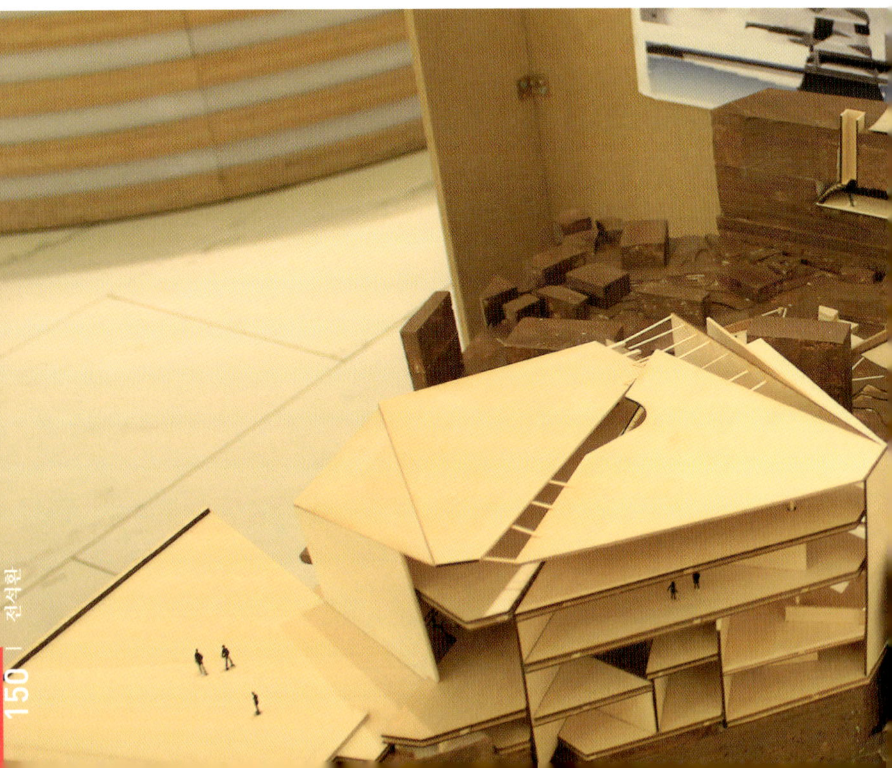

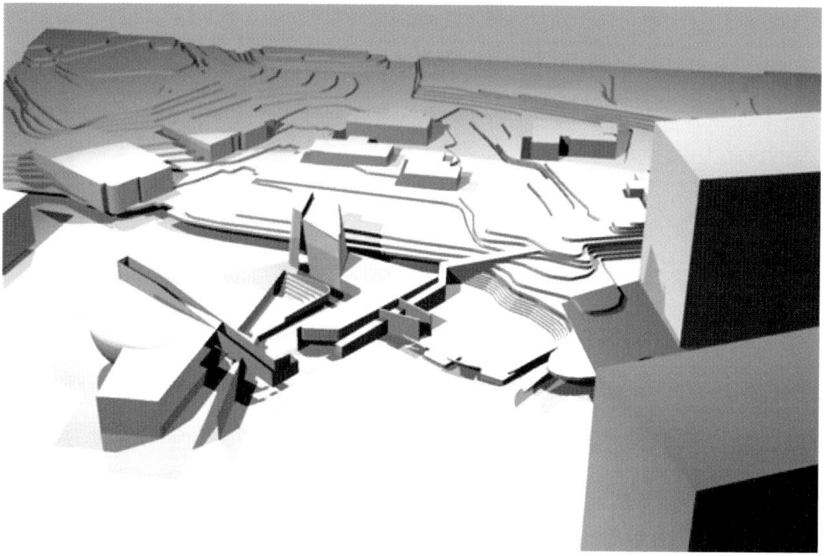

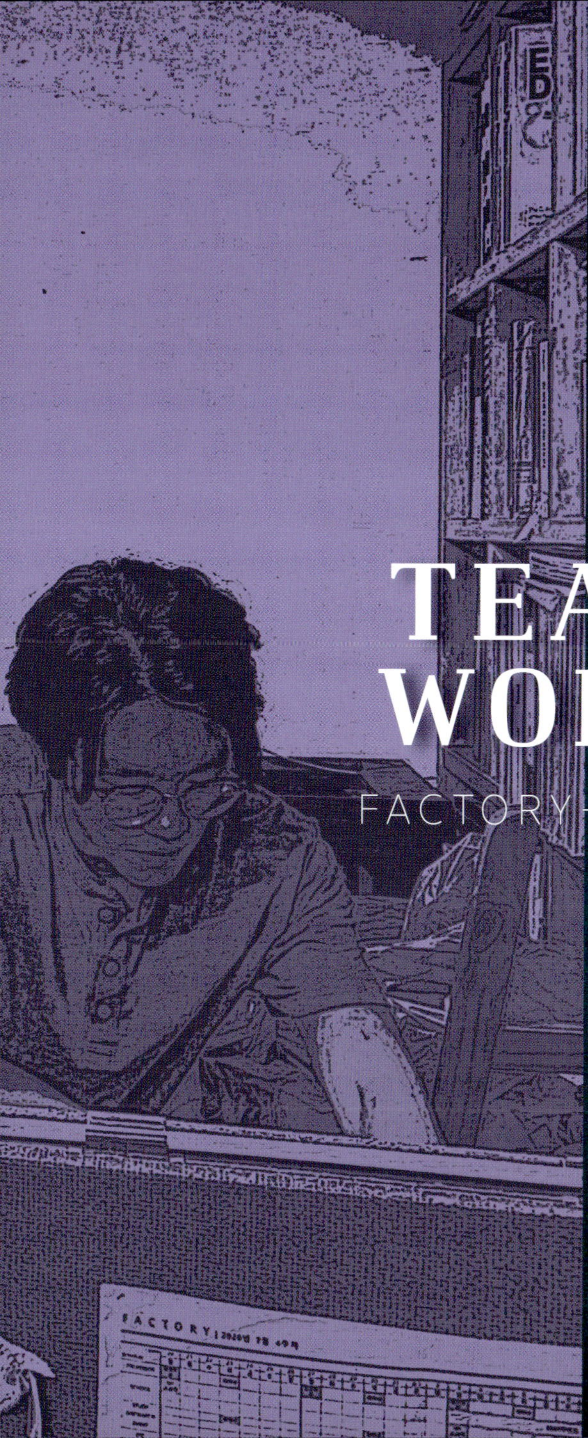

TEAM WORK

FACTORY-FOLIO

CROSS-LINKING WITH VOID AND SOLID

태평양 암 치유 요양 센터

완전한 "전인적 치료"를 이루기 위해 주변의 경이로운 자연과 기본 프로그램을 연계하는 것에서 이 디자인은 시작된다. 거시적 세계 안에서 미시적 세계를 만들며 우리는 그 장소를 바다, 기존공원, 그리고 건축이 조합된 풍경으로 생각한다. 따라서, 이 디자인의 주요 의도는 건축과 인접 자연 환경 사이에 친밀한 관계를 만드는 것이다. 프로젝트 진행시 가장 중요한 것은 전체의 사이사이에 여러 종류의 정원들을 배치하는 것이다. 접합유리창은 이 정원들을 실내 공간까지 시각적으로 확장시킴으로써 사람들 사이의 소통을 인간과 자연 사이의 정신적 소통으로 발전시킨다. 또한 이 정원들이 둘러싸임과 동시에 개방되면서 만들어지는 다양한 유리의 층들은 절망적인 환자들이 외로움을 느끼지 않도록 드넓고 음산한 바다 풍경을 단편적으로 인식되도록 한다.

O PARK SCAPE
FOR THE REBIRTH OF WASTE LANDSCAPE

This is Juan industrial complex, one of the industrial places of Incheon. This is located between 5th complex of Dong-gu and 6th complex of Seo-gu, and also, reclaimed place. The Juan was dependently absorbed into industrial place by surround industrials. Finals, the place lost perfects memories of waterway and salt farm. However, as we are facing to post industrialization, existing industrial facilities will be declined and should be moved on the other outside of Incheon. Therefore, it is necessary for this industrialized surplus place to be healed for co-existing place between human and nature. As the solution, reclaimed flat land should recover to wrinkle land by waterway again. And then, the wet land and green place should be created for dev시oping constant and organic place by around waterway.

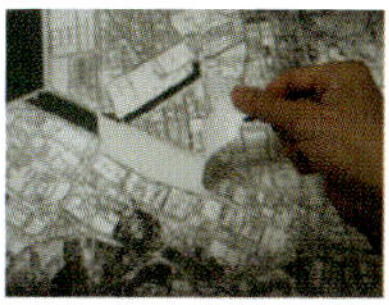

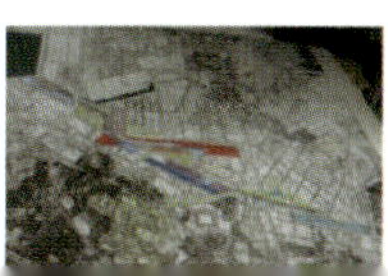

FURNITURE FACTORY

인천 송림동 일대는 항구도시로서의 지리적 위치로 인한 목재의 반입과 그에 따른 가구제작이 활발했던 지역이다. 현재에는 소규모 가구제작과 목공예소가 경인선 철로변을 따라 길게 하나의 가로를 형성하고 그 지역의 특징을 드러내고 있다. 특정지역의 문화는 그 지역이 갖는 지역성과 연루될 수밖에 없고, 시간적 의미와 지속성으로 문화의 의미를 갖게 된다. 본 계획안은 지역 특정 문화로서의 가구와 지역민들을 생활의 일부로 접목시켜줄 수 있는 연결고리를 만드는 것에서 시작한다.

CELEBRATION OF CITIES 2

성곽도시에서부터 출발한 서울은 현재 거대도시로 변모했다. 어기서 우리는 도시의 양적 팽창에 따른 성곽의 위상적 의미변화에 주목한다. 즉, 과거서울(City)과 성곽(Wall & Gate)의 관계를 통해 거대도시의 성벽 그리고 산의 관계를 위성도시와 관련하여 재정의하는 것이 우리의 목표이다. 도시 성곽의 벽(Wall)과 문 (Gate)은 주변과 각각 단절(방어) 그리고 소통의 관계를 맺는다. 분지에 위치한 서울은 경제적인 이유로 과거의 성벽을 무너뜨리고 급속히 팽창하여 어느덧 도시의 끝자락에 위치한지형적 한계(산)에 부딪히게 된다. 이러한 상황이 서울을 또 다른 의미의 성곽도시로 소급시킨다. 따라서 우리는 산기슭에 존재하는 서울과 위성도시의 경기지역에 주목한다. 이러한 장소들은 소급적 성곽도시 서울의 관문으로써 위성도시와의 매개적 공간이 될 수 있다는 가능성을 내재하고 있다.

A REVITALIZATION OF ISOLATED URBAN EDGES

녹슨미래, 시간의 길

Scenario of the project is based on assume that as the pump station was stopped, the machines which lost their functions would transform. The fragments from the pump station grew to make anew area by themselves, and in this area after collaging and recoding, they tried to come out of the station.

This power made the previous walls changed and destroyed to overcome the levels between Achasan Road and cycling path. Also the power can made creative space with a lot of fragments and destroyed walls. People walked along the space through inside and outside and can perceive it was ready become a part of daily life with the city.

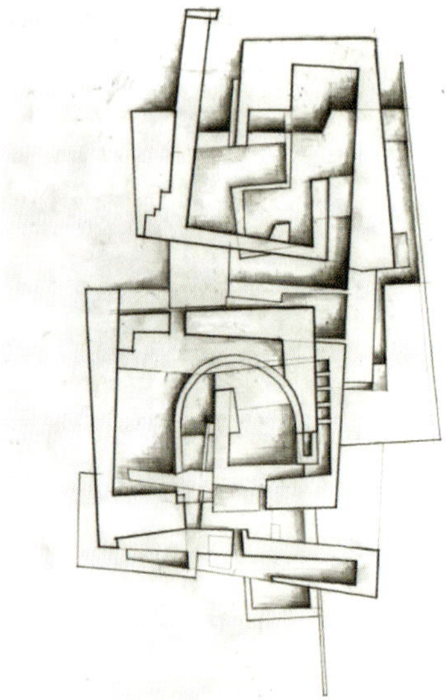

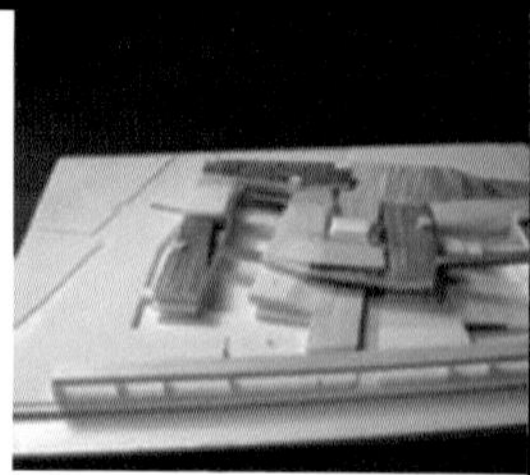

청계천 고가, 사라진 지붕

전태일, 그가 원하던 것은 '기억'이 아닌 '변화'였다 그의 충격적 행동은 이 사회의 열성적 존재, 존재함에도 불구하고 존재하지 않은 것들의 전규이며 이러한 절규는 우리에게 이 사회를 바라보는 균형 잡힌 시각을 요구하고 있다. 전태일, 그를 위한 장소는 그의 업적을 기리는 기념비적 장소가 아닌 이 사회에 대한 올바른 시각을 배태해 낼 수 있는 실전적 제계로서 기능하여야 할 것이다.

청계천변에서 30여년을 지내온 삶들, 그들에게 청계고가는 지붕이었다. 청계고가는 상부의 도시풍경과 지하에 형성된 그들의 모습을 구분지어 주는 경계인 동시에 그 경계를 통해 그들은 지하인으로서 자율적인 도시조직, 공동체를 만들어 낼 수 있었다. 청계고가는 그들의 존재를 가능케 하는 도시적 환경이었다. 이에 이러한 경계적 존재로서의 또다른 청계지붕을 디자인하고자 한다. 이러한 청계지붕은 전태일이 원하던 균형잡힌 시각, 도시의 열성적 존재에 대한 인식, 그리고 더 나아가 열성적 존재들이 우성적 인자로 기능 할 수 있는 전복적 공간이 될 것이다.

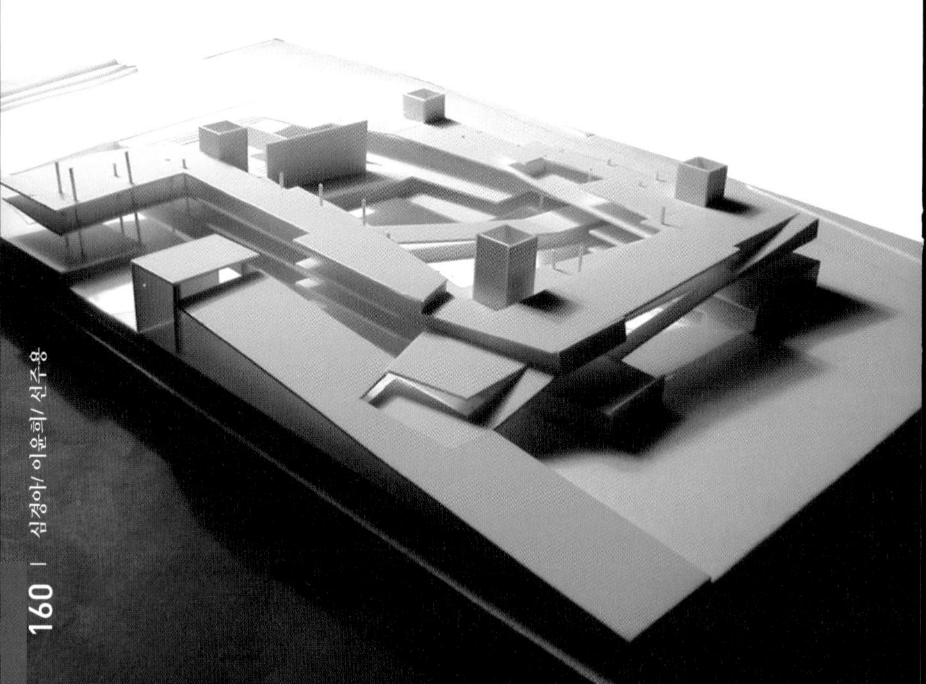

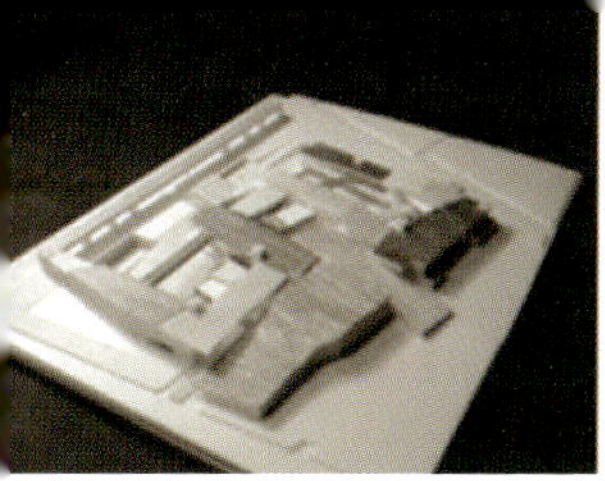

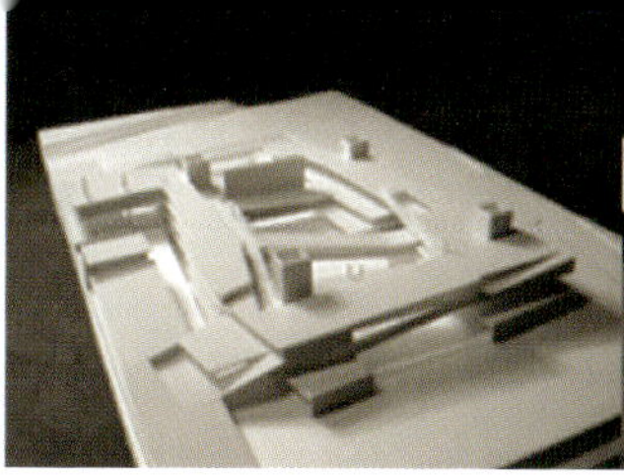

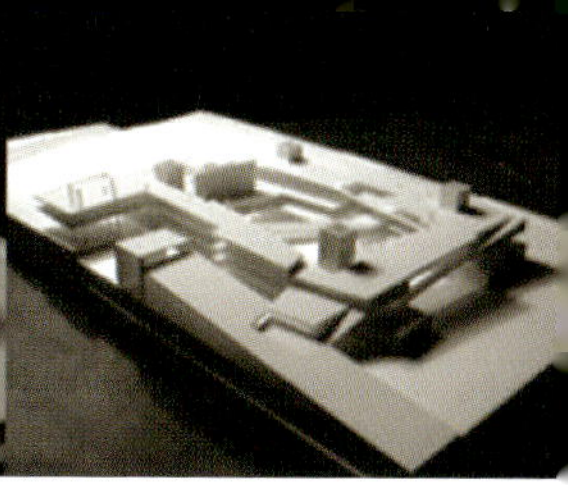

REPLACEABLE ROOF:

IN-BETWEEN SPACE

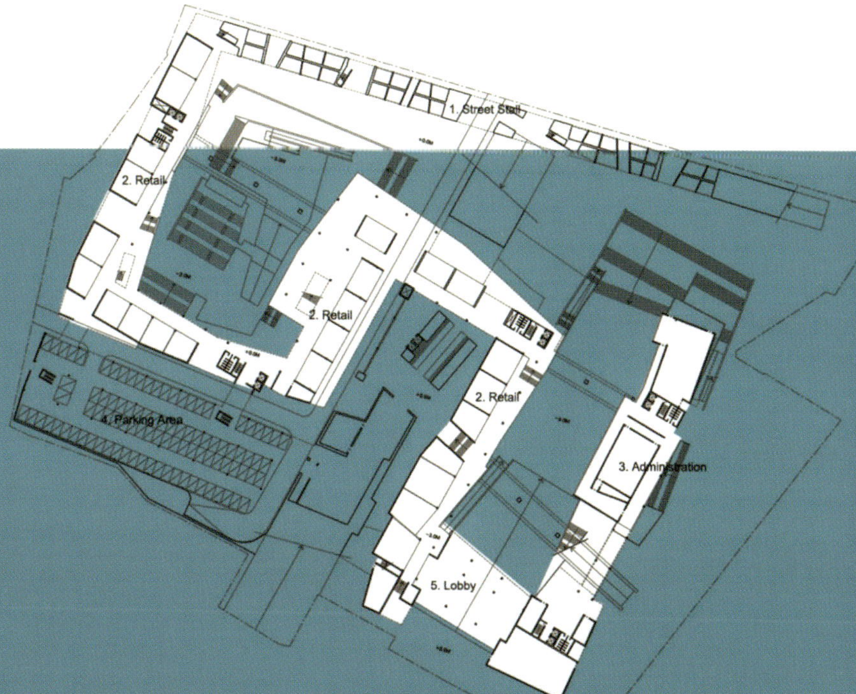

URBAN TOTEM

대지의 시간 속에는 현존하고 있는 과거로서 지하에 묻혀 있는 광교와 옛 석축들, 이전된 수표교, 부재하는 과거로서의 청계천과 최근에 과거로 사라져버린 청계고가도로, 과거이며 동시에 미래의 모습이 될 새로운 청계천, 남산과 북한산을 이어주는 서울의 녹색 축 회복이라는 이루어지지 않은 꿈 등, 수많은 시간의 레이어들이 부유하고 있다. 그러므로 복원된 미래의 청계천은 또 다시 도시의 공백으로 남겨지게 될 것이며, 도심에 만들어진 또 다른 경계일 뿐이다.

PLANKTON HOUSE

INCHEON'S SENSE OF PLACE

The experiment gives attention to city edge revealing the crisis of modern cities and selects So-Rae port in Incheon as a site for design experiment, which has been left as a passage from the city to the sea for a century. The main argument is focused on how to connect the nature of seashore to the city through m inim0| act of architecture, while considering the relationship between the destruction of eco-system emerged from the extreme collision of sea and the city and architecture as a main subject of the experiment.

OPEN ENDED

수직 프롬나드를 통한 바다로부터 야기된 근대 도시의 시작과 현주소, 미래의 지향점을 건축적 플랫폼을 통해 파편화된 도시의 이야기를 연결하고자 했다.
개항을 통해 인천이라는 도시는 역사상 가장 변화적이며 역동적인 시대의 시작을 경험했고 그 시대의 기억들이 유적처럼 잠들어 있는 동시에 그 시대의 철학과 이야기, 그리고 시대정신이 담겨있는 공간이기도 하다.
'쇠퇴한 산업도시'의 모습을 배경으로 도시적 삶의 일상적인 가치를 재인식하고, 전환할 수 있는, 도시의 기억을 연결하고 매개하는 플랫폼을 제안한다.
수직적 레벨마다 도시의 기억을 경험할 수 있는 공간을 재현하고 그 공간을 연결하는 과정에서 시민들에게 우리의 삶을 돌아보고 시간의 흔적을 깨닫는 계기를 제공하길 기대한다. 최상부 거대한 삼각구조물은 그 형상을 통해 우리의 도시와 삶이 가져야할 지향점, 방향성에 대한 건축적인 표현이며 거대 강구조를 통해 근대산업의 상징을 나타냈다.

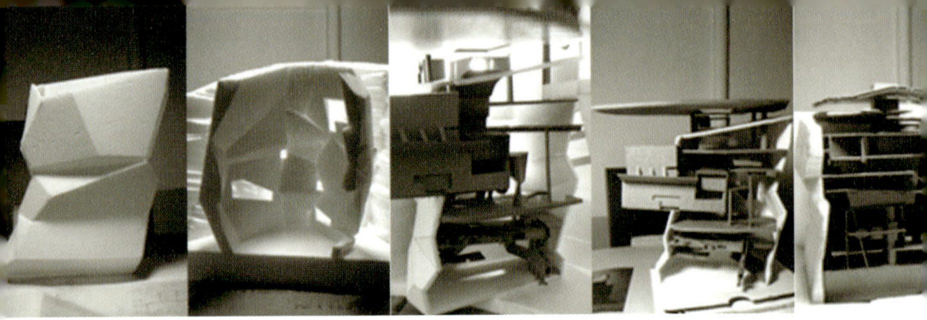

LOCUS SOLUS

THE ANCIENT FUTURES

Nam June Paik museum must reflect his own world of art. It should not be considered as a conventional building but architecture that delineates such an unique artist and masterpieces standing without a peer. The Museum is therefore to be fabricated solely by Nam June Paik's life that is translated into architectural program, space, and form.

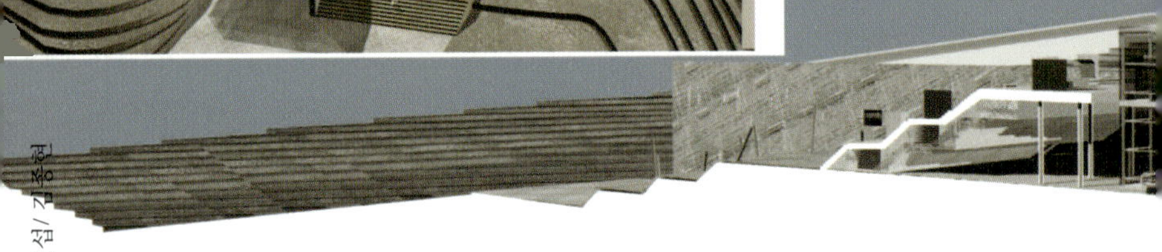

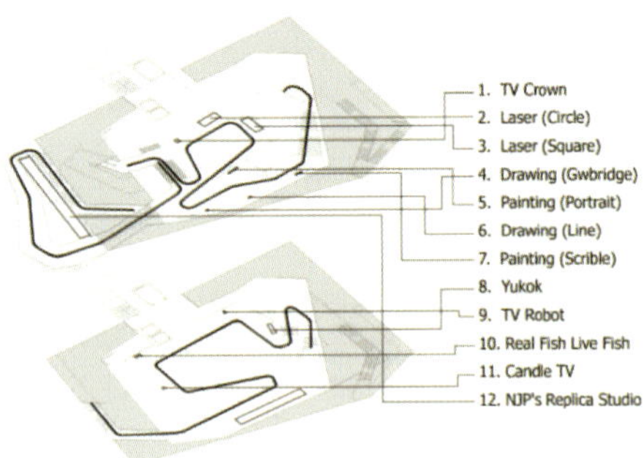

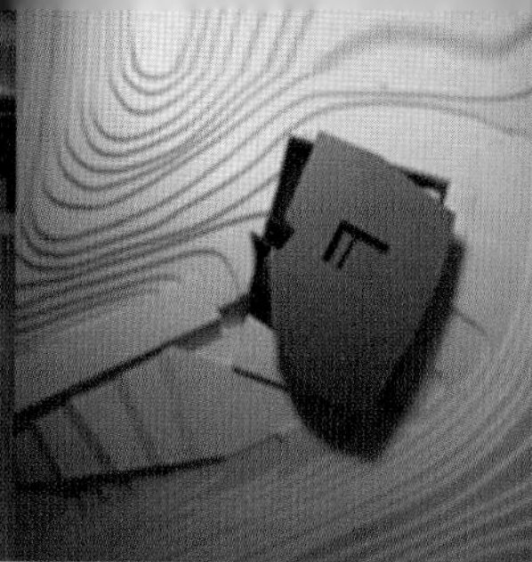

The design thus avoids conventional accesses either in the development of idea or in the execution of the project. It rather chooses a paradoxical avenue and even Quixotism. As it is paradoxical to care about life and yet to talk about it through macabre examples, the design intends to allow one to make discoveries about life and to take positions on its quality and character while probing death. The paradox is eventually decoded into a double concept of a museum as the family sepulchres of works of art. In order to embrace Nam June Paik's nomad life and the unique world of art through the new museum, this project employs diverse references that connote Nam June Paik himself and creates the chain of sign system through its subtext. Displaced, replaced mass-Michael Haitzer/ Homecoming/ Video art that refuses the canvas' two dimension/ Progressive art and the Primitive yard/ A journey into the Ancient Futures / Sensuous void that permeates into the time and space/ Mortal and eternal/

'MAUSOLEUM' OF FRAGMENTS

VOID MODEL

VOID MODEL 2

INTERIOR VIEW

SECTION MODEL VIEW FROM WEST

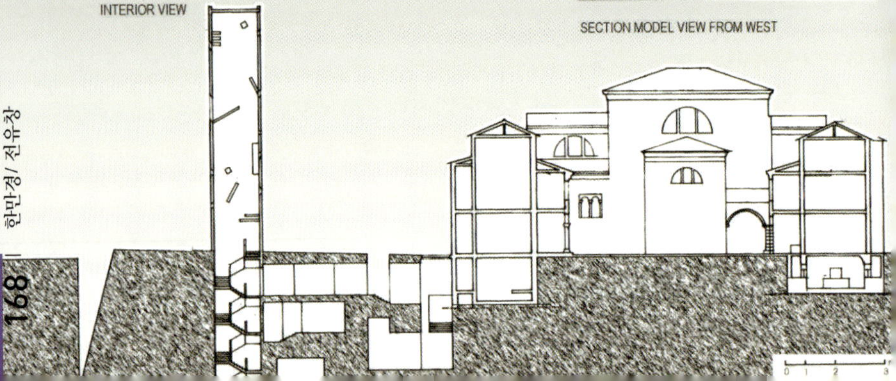

THE YELLOW SEA INSTITUDE

Discover the proposition of current situation as the point ofdeparture for the linkages between old & new. Adjustment of the main proposition to make the datum line for volume that accommodate the need of contemporary demands.Subdivision of mass for 3 dimensional memory to continue thereminiscence of street to reinforce interaction between infilled being.Mass proposal for linkage between dimensional memory & contextual clue.

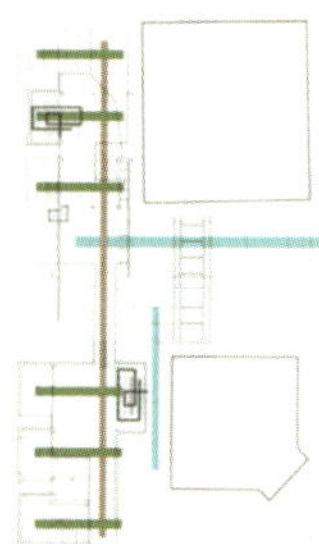

Horizontal c Access Vertical circulation
Experience of each characteristic space

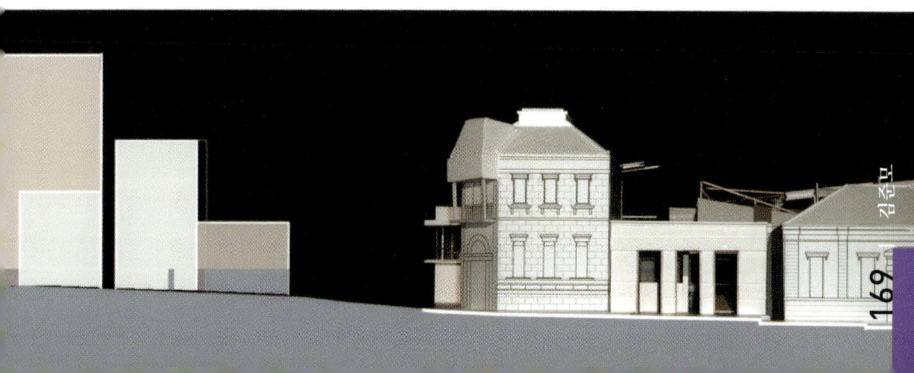

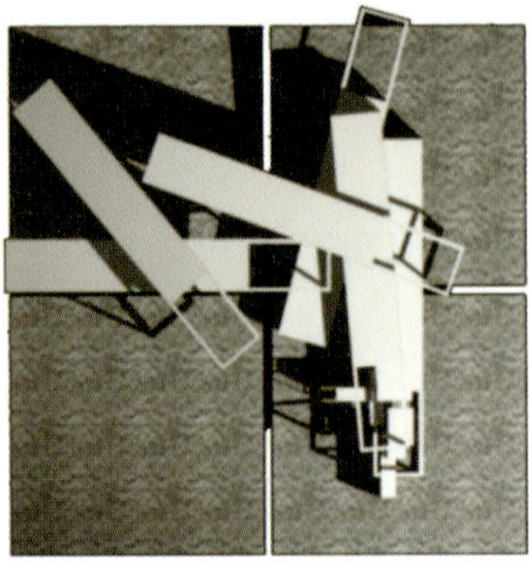

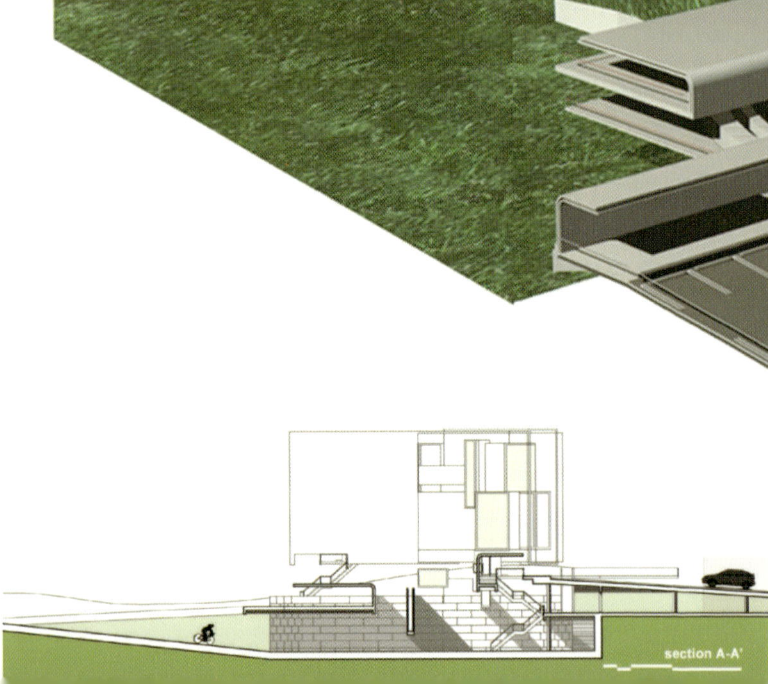
section A-A'

DERAILED CITY

변하지 않는 것, 지켜야 할 것이란? 대구의 인식적 지도.
대지에 있는 철도는 대구도시화의 산물이다. 도시화를 위해 만들어졌던 철도는 다시 도시화를 위해 폐선부지라는 자가당착적인 사이트가 되어버렸다. 이러한 대지의 성격을 통해서 우리는 변하지 않은 것이란 생성과 소멸이라는 과정이며 이 생성과소멸이 함께 기록되어졌고 기록되어질, 과거와 현재 미래가 혼재된 하나로서의 대구의 지도라고 말할 수 있다.

OBSCURA FOR THE URBAN FLANEUR

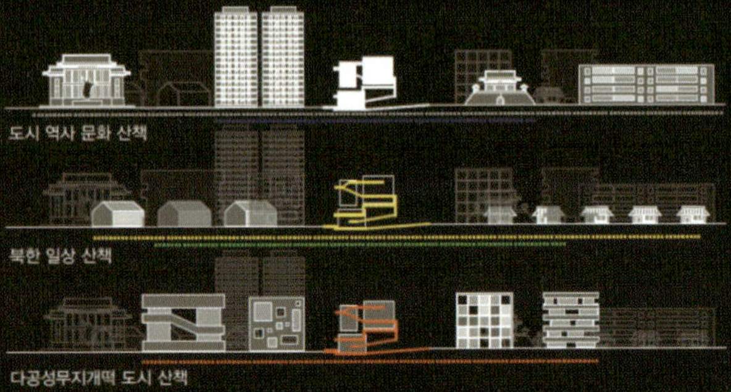

도시 산책자를 위한 사진 공방

북한 도시는 정치적 경제적 고립으로 인하여 경계를 형성하고 있다. 미디어에 비추어지는 북한의 이미지와 정체성은 강력한 체제 속에서 굴러가는 상징적인 모습들이 연거푸 반복되는 반면에 실상 그 내부에 있는 북한 사람들의 '정주' 환경은 노출이 되지 않는 상태이다. 체제에 의해 의도적으로 감추어진 그들의 '노동' 과 ' 거주' , 그리고 그렇게 형성된 그들의 문화는 상징적 껍데기에 둘러쌓인 채로 감추어져 있어야 했다. 사회주의 국가인 '북한' 의 개혁개방은 선택적 허용에 의한 동선들이 존재하던 시대를 넘어서 다양한 목적의 움직임이 유입되는 시대에 도래하게 된다. 상징적 경계를 제거하여 체제를 한 순간에 붕괴하는 형식에 반하여, 점진적 교류와 완충적 변화가 이루어지는 <다공성 경계> 의 의미를 찾아 도시의 정체성을 잃지 않는 <도시적 사회적 다공성> 을 추구한다.

1 슬로프 광장
2 로비
3 카페
4 다공성 계단
5 다목적홀
6 주차장
7 갤러리
8 주거
9 레스토랑
10 공동스튜디오
11 코어
12 전망옥상

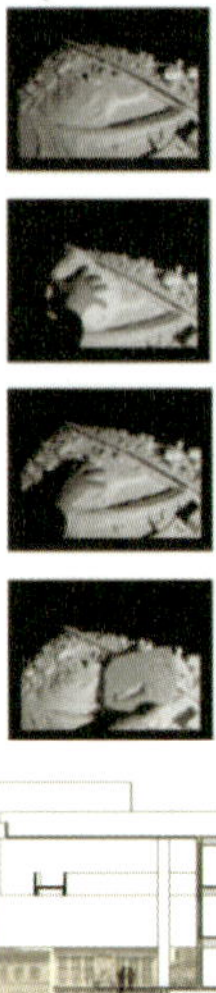

익명의 죽음을 위한 추모공원

계획대지는 절두산과 외인묘지에 묻힌 익명의 죽음을 연결하는 중간에 위치하고 있으며, 역사적 사건과 함께 연계되었던 과거 도심의 경계로, 난개발에 묻혀져 버린 땅이다.

대지는 당산철교, 양화대교, 강변북로, 한강고수부지 공원이 형성됨에 따라 생겨난 땅이며, 근대화 과정에서 발생한익명의 죽음을 기록하고 있다는 점에서 대지 위를 관통하는 많은 도시의 움직임들과 대조를 이룬다.

우리는 이곳에 외인묘지와 절두산 성지를 연계하는 조정자(MEDIATOR)로서 추모의 정원(Memorial garden)을 제안한다. 이는 소외되고, 핍박받은 외국인들의 죽음을 도시로부터 방치된 대지에 반영하여 프로그램으로서 승화시키고, 역사의 단편을 이 '도시의 틈' 을 통해 공간화 하고자 한다.

김지운/ 김정희/ 이해욱

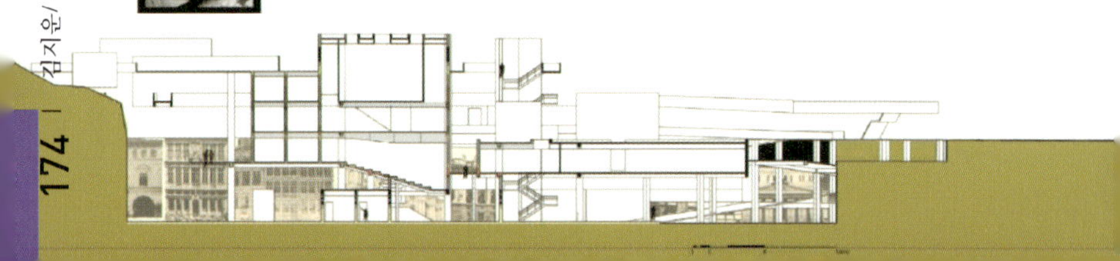

CURING THE CITY

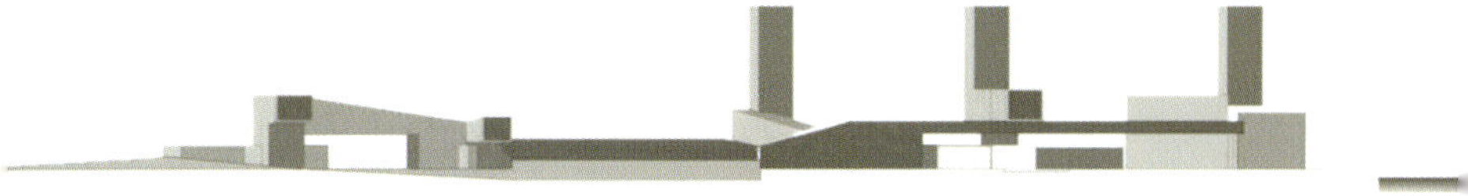

The intention of the project is to revitalize the city of Berlin by restoring the sense of place to the site. It is how to represent perception and experience of the city of Berlin in the site that enables the site which had been abandoned by the Berlin Wall, to relate to the existing urban tissue.
In this project, we attempt to graft particular urban tissue sam0|ed from existing city of Berlin on the given site, the memory of the site, in order to have the derelict land respire again.

LIGHT HOUSE SCENARIO

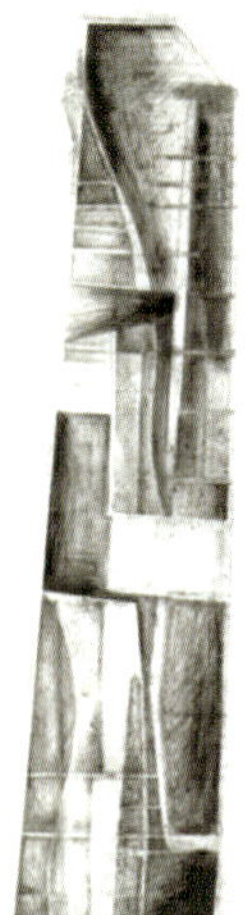

Due to the unstable and hazardous condition of the Smallpox Hospital Ruin, the building is inaccessible to the public. Therefore we suggest the light house tower contained the art center spaces. At night, this tower fills up the light over the island. This building will be a new landmark of New York. The smallpox building facades will be a space with light, and the light make visitors to lead into the site. In the day time, preservation building only with shells around could be used to an entrance to arts center tower. This vacant space surrounded with only frame is restored by a passageway to art center. It is a conceptual connection.

It is a memorial competition on the African American burial at Virginia. There are many unknown graves. I didn't any touch the excavation site area because I believe that the land itself is a their another heritage. If they walk on their forefathers' land, breath their air, and hear windy sound visitors can feel the site as a motherland. From here, my design strategy is a covering the roof carved forefathers' records. The roof will be a memorial stone and roots for African America descendants.

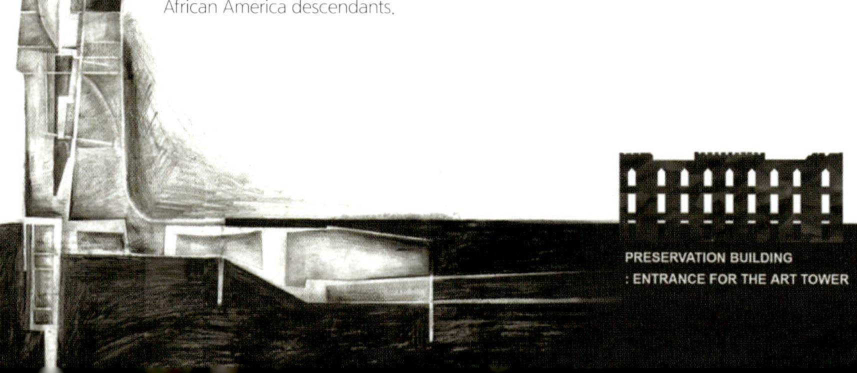

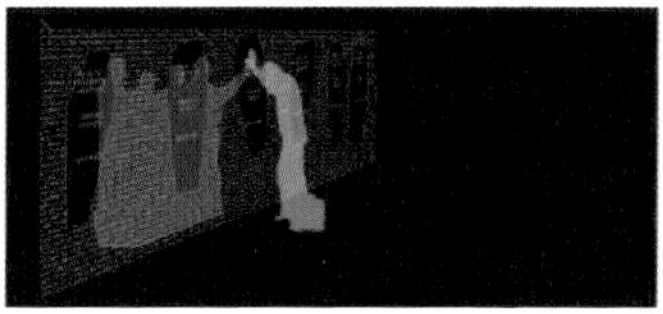

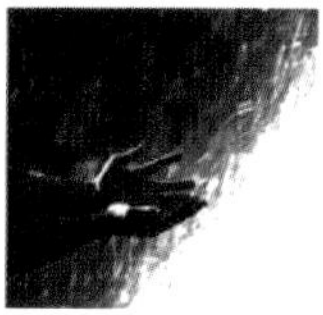
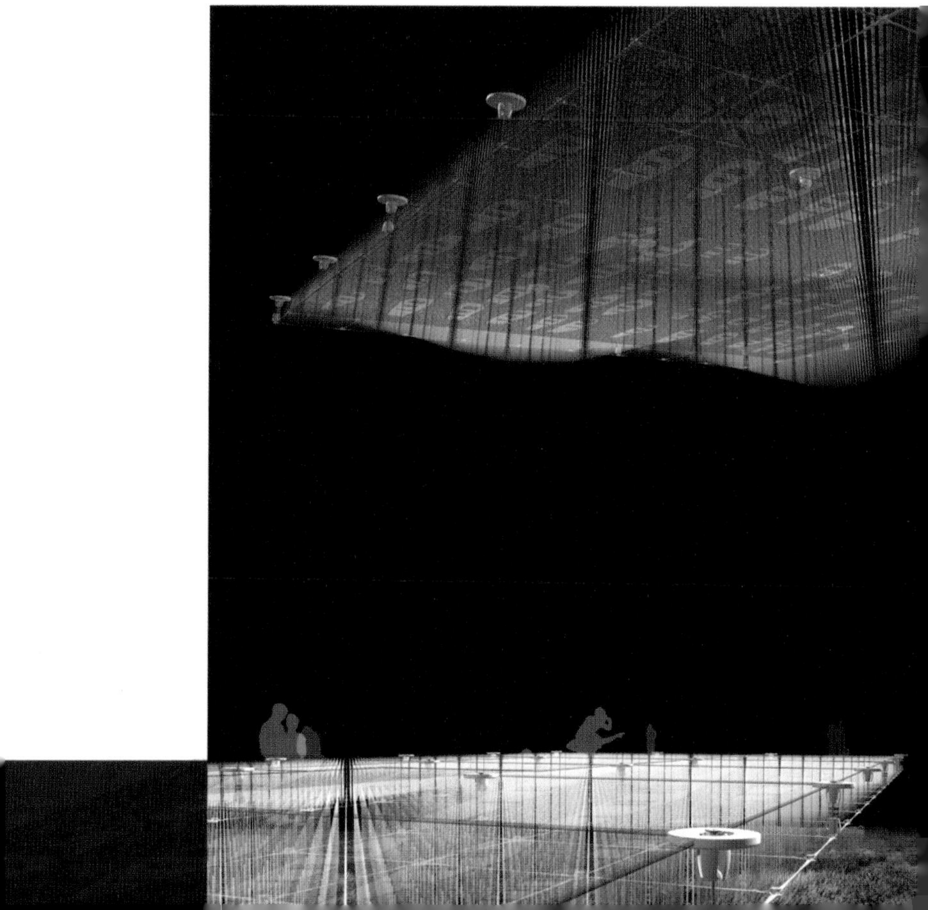

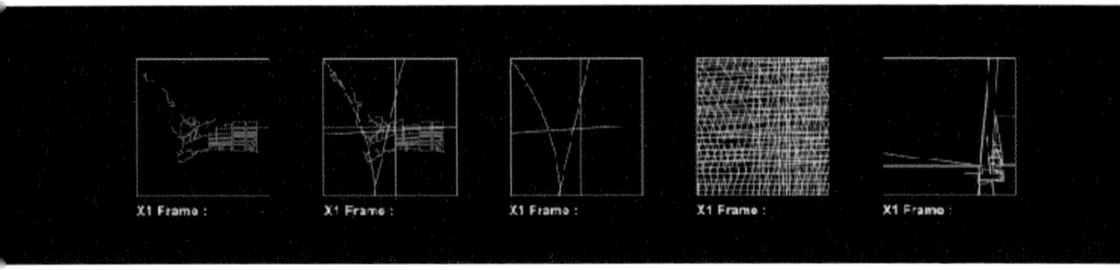

GROUND 0

이 프로젝트는 송도매립지형성 배경에 대한 다층적인 탐구로부터 시작하여 땅에 보이지 않는 것들을 발견하는 작업이다. 그러므로 이것은 오히려 정상적인 건축 작업이기보다는 건축과 예술의 중간단계로서 가능성을 내재한 복제된 땅 그 자체를 일시적으로 기호화하는 작업이다. 매립지가 생성되기 이전의 존재하지 않았음과 매립지 생성 후 시도되었던 여러 종류의 계획안들의 이루어지지 않았음을 내재하고 있는 부재, 그리고 이질적인 컨텍스트로부터 파편화되어 억지로 혼합된 지층은 다양한 시간을 포함하는 측정 불가능한 대지인 것이다. 그러므로 이 작업은 지도화, 즉 지도적인 투사가 과정자체의 형식을 통해 예술적인 가치를 갖는다는 사실을 출발점으로 삼고 있으며, 이때 형상화 현영, 분리, 삭제, 그리고 탐색이 주는 자극, 발견이라는 행위가 주는 쾌감이 그 작업의 근본적인 동기가 된다.

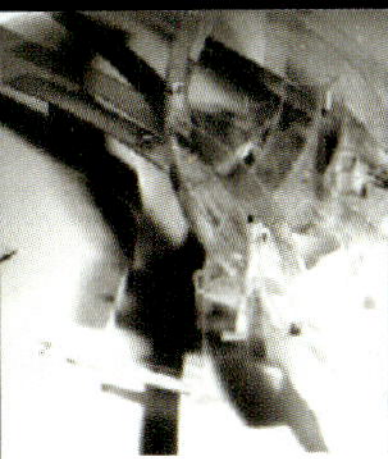
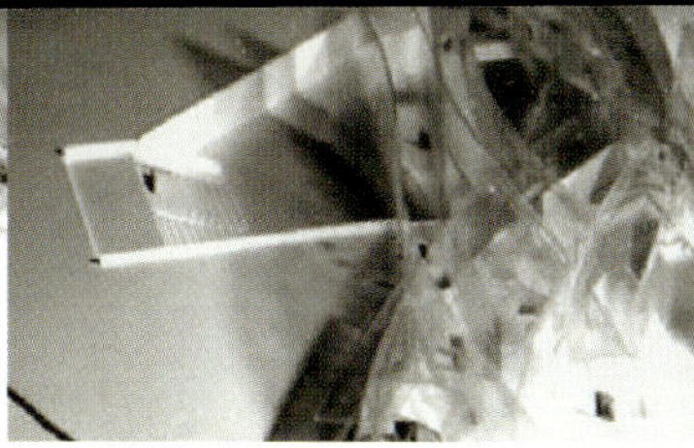

URBAN GATE:

TEXTILE, FIBER CABLE & COMMUNICATION

A castle gate of the city is, traditionally, an element confirming that there is the boundary by its opening. In sum, that is void which symbolizes connection and prevention of culture by having duplicate meaning, isolation and communication. In the past, a castle gate led to other worlds by walking but a present symbolical urban gate is image that approaches immediately and impressively by depending on speed of automobiles. Accordingly, transition in terms of space and culture as 'Threshold', today, leads space transition by impulsive image or instant offer of information. That is to say, 'Gate of the city', in the information age, is 'Network' that connects culture and information rather than limits or boundary.

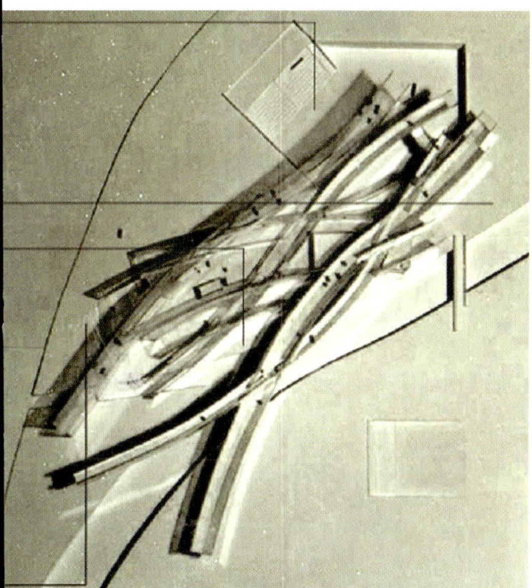
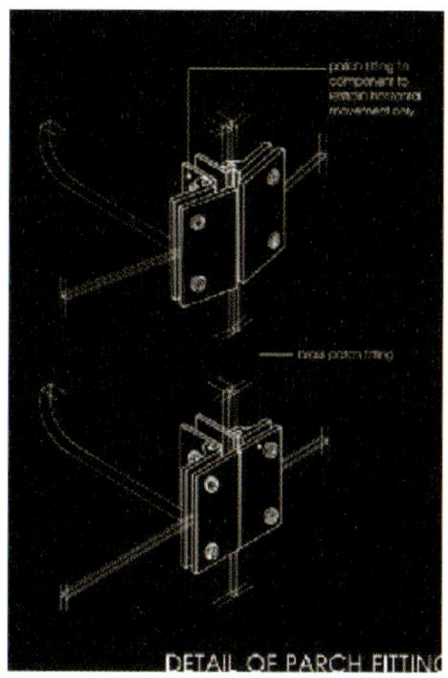

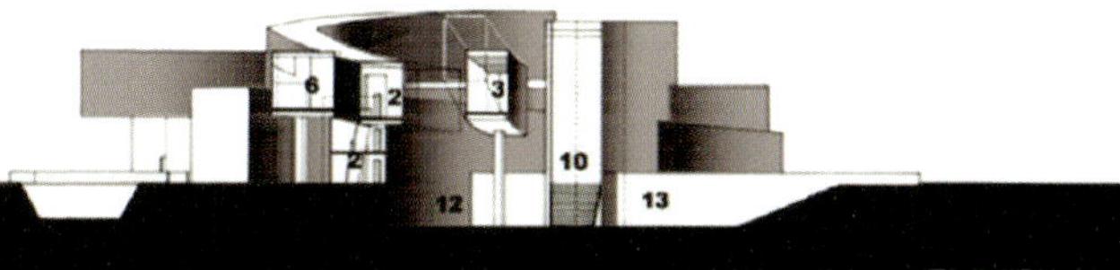

Plan 01 Arrival

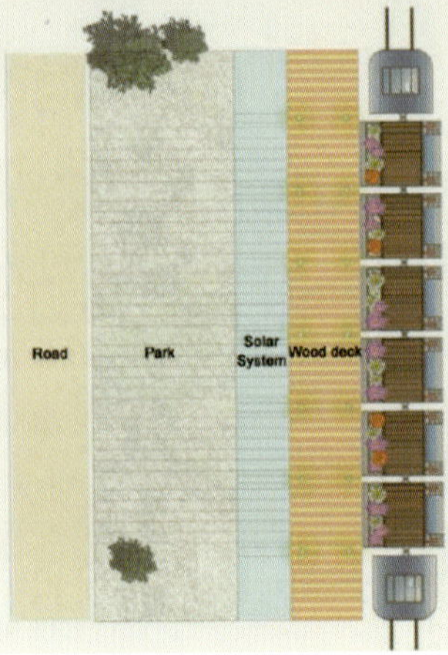

Plan 02 Open Train

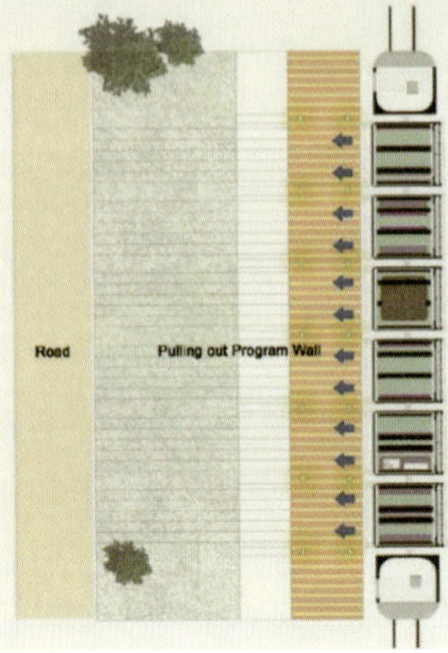

BLOOMING TRAIN

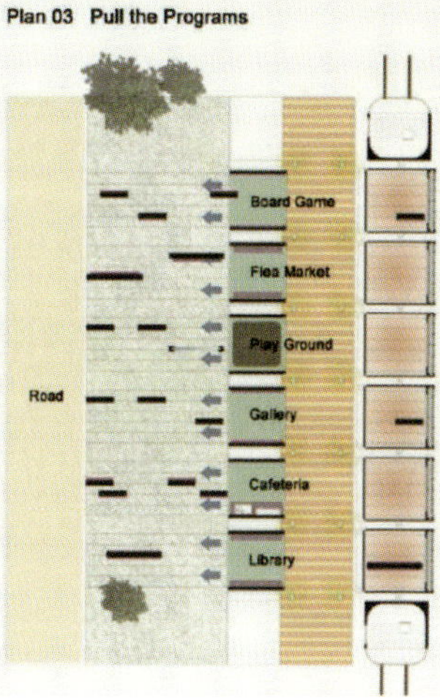

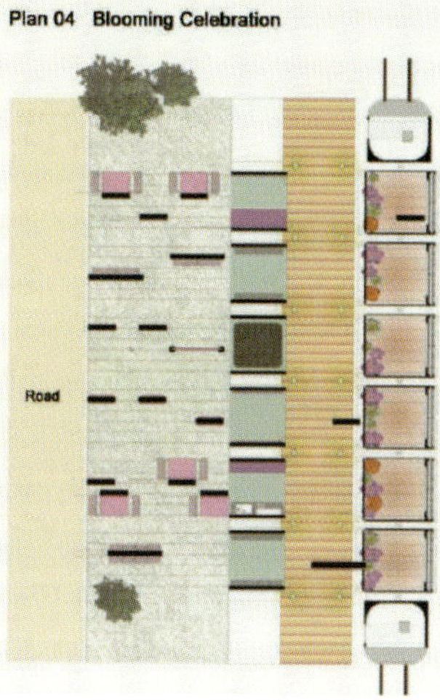

Suin-Line that I suggest isn't for people. It is for program. One coach of train's size is3m X 3m and it is composed by six coaches. Each coaches have different program.(Program Mobility : Salt and underground Resources Student and Merchant Tourist Train which carries the program) Programs are Flea Market, Library, Playground, Gallery, Board Game and Cafe. When the train arrive at ground which has peculiarity of station, people experience programs that they want at their ages and times. The station abutting on the trainis composed of wood deck and only the rail has set up on the other part to come out the program wall as it stays down green-belt which is existing by vegetable garden. Therefore, the train arrive at and is opened the door, people can carry out the programwall easily by using the rail on the ground and spread the flexible furniture on the wall. People can use it as reading,barter, game and they make the community by these activity.

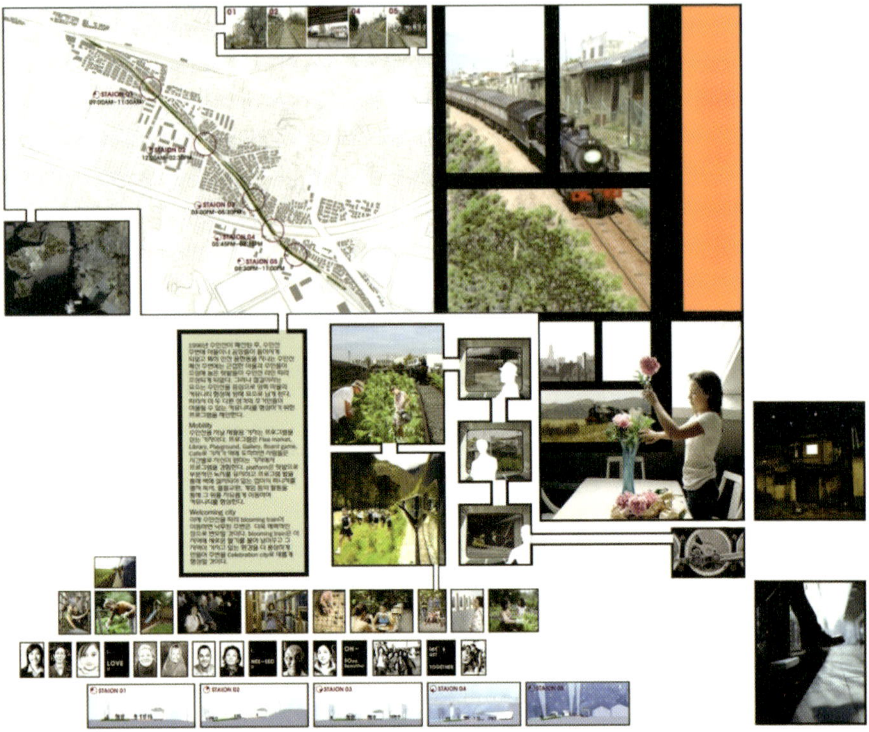
STAION 01
STAION 02
STAION 03
STAION 04
STAION 05
Mobility
Welcoming city
LOVE
TOGETHER

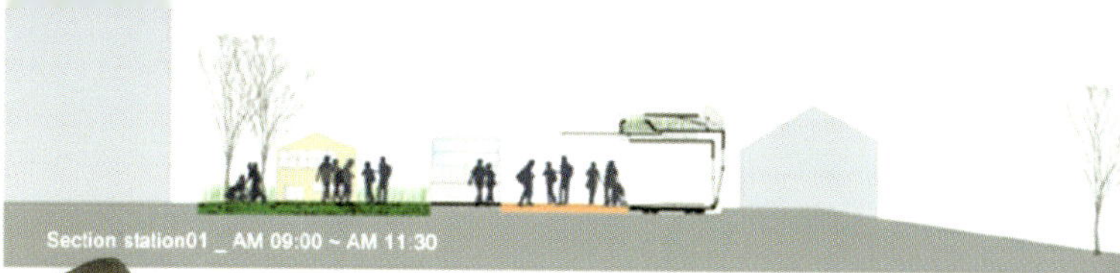

Section station01 _ AM 09:00 ~ AM 11:30

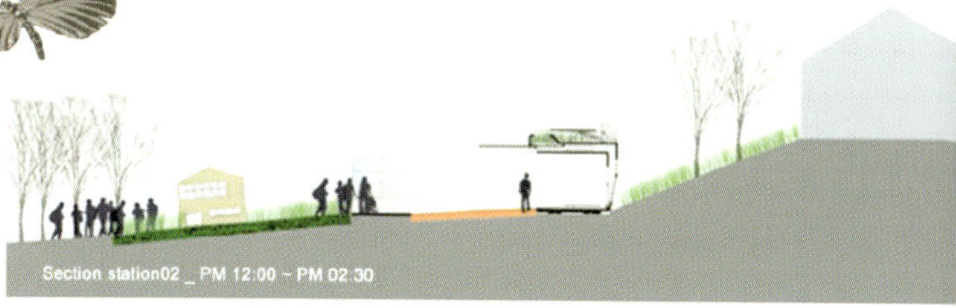

Section station02 _ PM 12:00 ~ PM 02:30

Section station03 _ PM 03:00 ~ PM 05:30

Section station04 _ PM 05:45 ~ PM 08:15

Section station05 _ PM 08:30 ~ PM 11:00

DIALOGUE AS A DATABASE

This project was to make a space of exhibitation and performance for recreating 'Tae Gok-Ri Petroglyph' and 'Choyong-mu Court dance) in Ulsan's prehistoric site. In the riverbed of the-opposite, 'Tae Gok-Ri Petroglyph' that has been engraved since the time of the Old Stone Age through the New Stone Age and the Bronze Age lies, being forgotten by the memories of people.
The 'Petroglyph' and 'Choyong-mu' are just data that modern people cannot read, how do we recreate these cultural heritages?

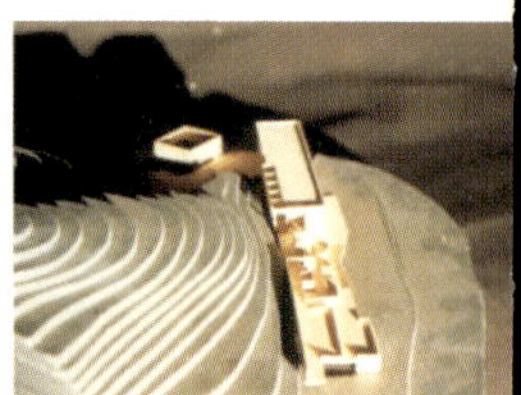

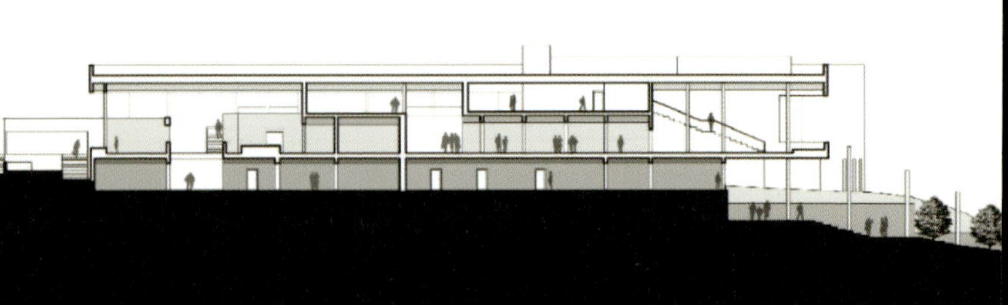

THE EPIC DRAMA

지금 서울 중구의 도심 재개발 계획이 계속되어 발표되고, 얼마전 광화문 광장이 새롭게 선보이는 등 서울의 중심을 새롭게 바꾸려는 노력이 계속되어지고 있다. 서울중구의 모습을 보면 Infrastructure에 의해 구획되어진 블록의 facade는 skyscraper들에 의해 병풍처럼 나열되어 있고, 그 안을 들여다보면 Human Scale의 자그마한 조각들이 불규칙적으로 존재하여 옛 서울의 모습을 담고 있다. 하지만 이러한 모습마저도 도심 재개발이라는 명목아래 하나하나 지워져버리고 새롭게 개발되어 가고 있다. 또한 주변에 존재하는 광장이라는 공간은 사람들이 기억과 행위가 반복되어 만들어지는 장소가 아닌 하나의 오브제로 괴리감이 느껴질 정도로 동떨어져 존재한다.

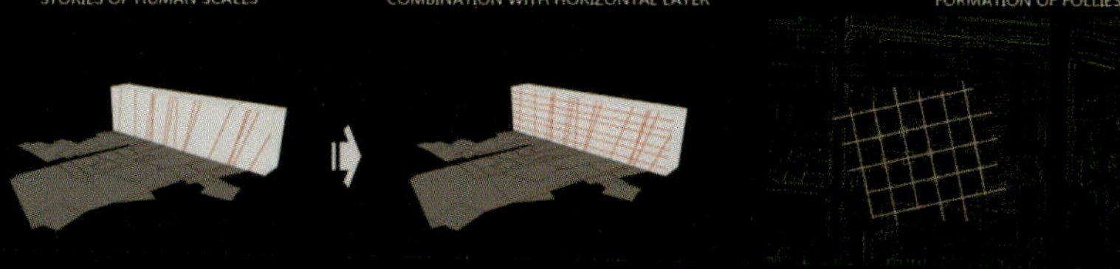

BLOOMING TOWER – META MORPH

Site selection was the main issue of the project, because the building more than 750 meters high, will be a landmark along with the mountains in Korea. Located on the Han riverside, the island Nanjido was selected as a gateway to Seoul for visitors. The name of our project, Blooming Tower, is derived from Nanjido, which means "infinite self-generated flower island." It is composed of ball unit systems that look like flower seeds, and each self-sufficient unit makes the building spontaneous. The super-tall building brings the possibility to have more green space, which is now decreasing exponentially in Seoul. It can also preserve nature by accepting a growing population vertically instead of expanding horizontally. Each three-tube structure makes a triangular form in order to ensure maximum use of the site. It also has stability against stress the velocity of the wind. However, the Blooming Tower solves this problem by using a gap between ball structures. They create a wind pathway that minimizes the velocity of the wind.

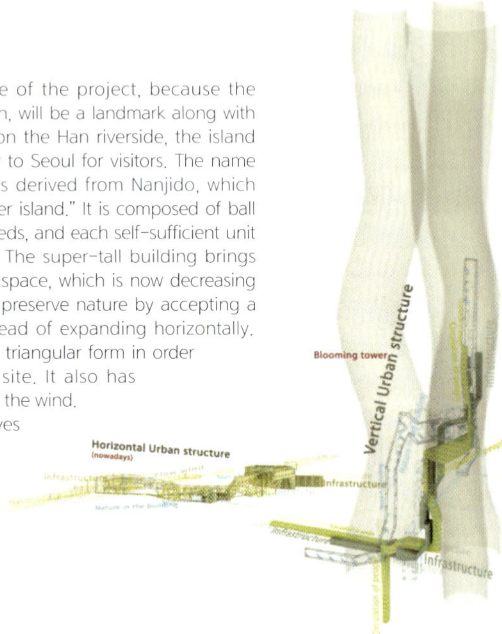

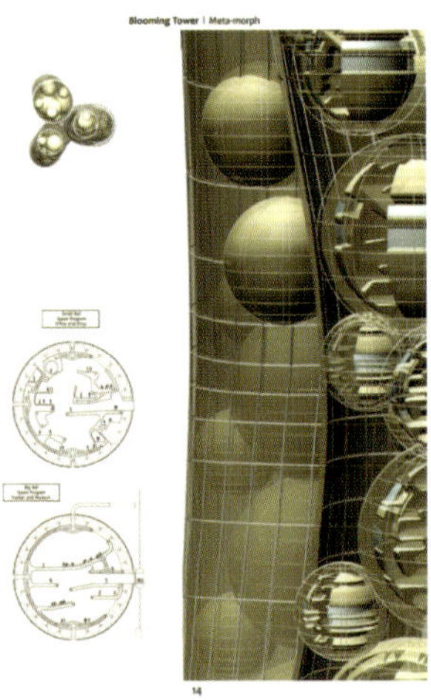

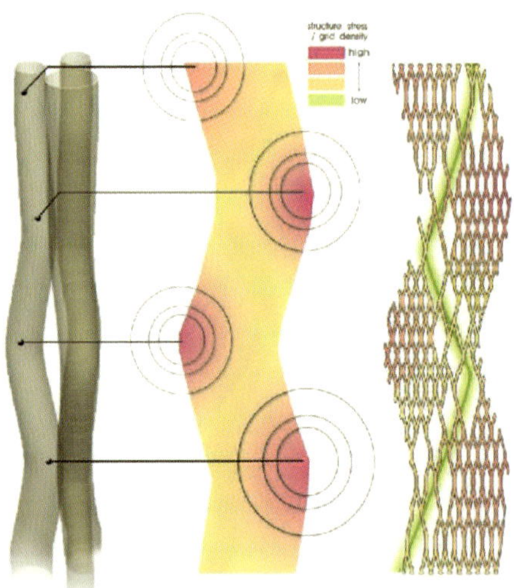

Blooming tower

RESSURECTION

배다리 지역 전반에 걸쳐 배치된 흰 집 오브제들은 형태나 내부공간의 성질이 제3의 상태를 유지하도록 계획되어 있다. 이들의 역할은 우리의 도시환경이 담아낼 수 없었던 제 3의 공간, 즉 상상적 공간을 내포하며, 외부적으로는 배다리에 존재하는 도시요소들의 차이를 지속시키고 서로간의 충격을 완화하도록 돕는 것이다.

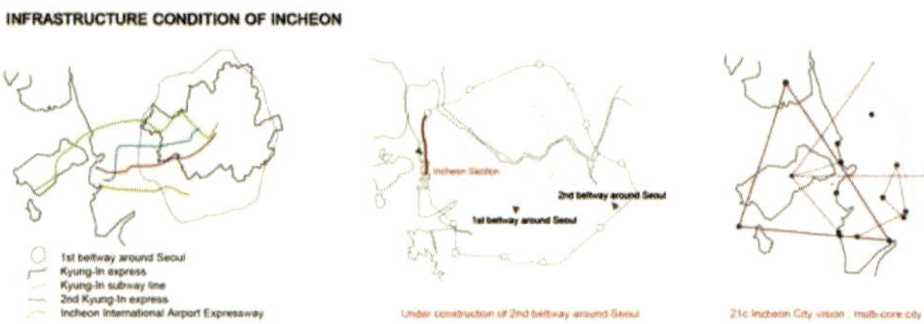

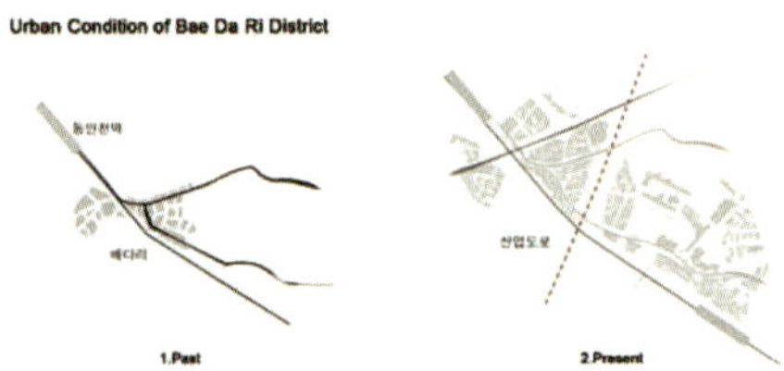

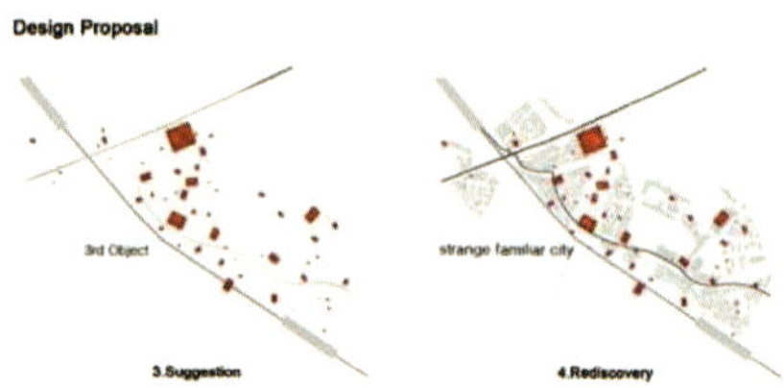

각각의 흰 집들은 규모에 따라 적절한 공공 프로그램을 기본적으로 수용하는데, 이 프로그램들은 기존 도시공간에서처럼 관습화된 계획의 형태로 나타나는 것이 아니라 흰 집의 속성과 결합하여 상상적 공간으로 구현된다.
이는 치밀하게 계획된 공간이지만, 도시 속에 존재할 때 모호하고 비현실적인 상황을 만들어내며 어떠한 기성 프로그램으로도 대신할 수 없는 다양한 행위를 촉진하는 공간이 된다. 다시 말해, 기호체계에서 끊임없이 탈주하는 '기표 그 자체로서의 공간' 인 것이다.

PORTFOLIO

PROUN

PROUN

Re-Construction of PROUN in its own plural creation

미증유의 창조 영역, PROUN

이 작업은 엘 리치츠키(El Lissitzky)의 미학 이론 탐구의 결과물이다. 리치츠키가 예술과 범기하학(A. and Pangeometry)에서 분류한 공간적 형태를 고찰하고, PROUN을 선택하여 드로잉이 추정하는-축조 뒤에 숨은-다차원의 축선을 공간적으로 재구축한 것이다. 공간을 화면에 투사한 것으로 보는 기존의 회화 개념을 벗어나 캔버스 면으로부터 공간으로의 돌파구를 찾는 작업이다. 우선 캔버스 안에 난무하는 축선을 다변화함으로써 화면의 틀을 평면이 아닌 무한하게 확장하는 우주로 인식한다. 그런 다음, 그 안에서 전진(+)과 후퇴(-)의 착시를 조작하여 투시도의 고정시점을 파기한다. 마치 무한한 우주의 무중력 공간 속에서 부유하는 물체에 역동성을 부여하는 것과 같다. 궁극적으로 화면을 제한하는 투시도의 공간적 한계를 초월함으로써 PROUN을 회화와 건축의 사이에 멈춰있는 상태, 또는 건축으로 발전하는 과정의 중간 단계나 비합리적 미완의 경지로 드러낸다. 새로운 예술을 위한 프로젝트(Pro-UNOVIS)의 서막인 것이다.

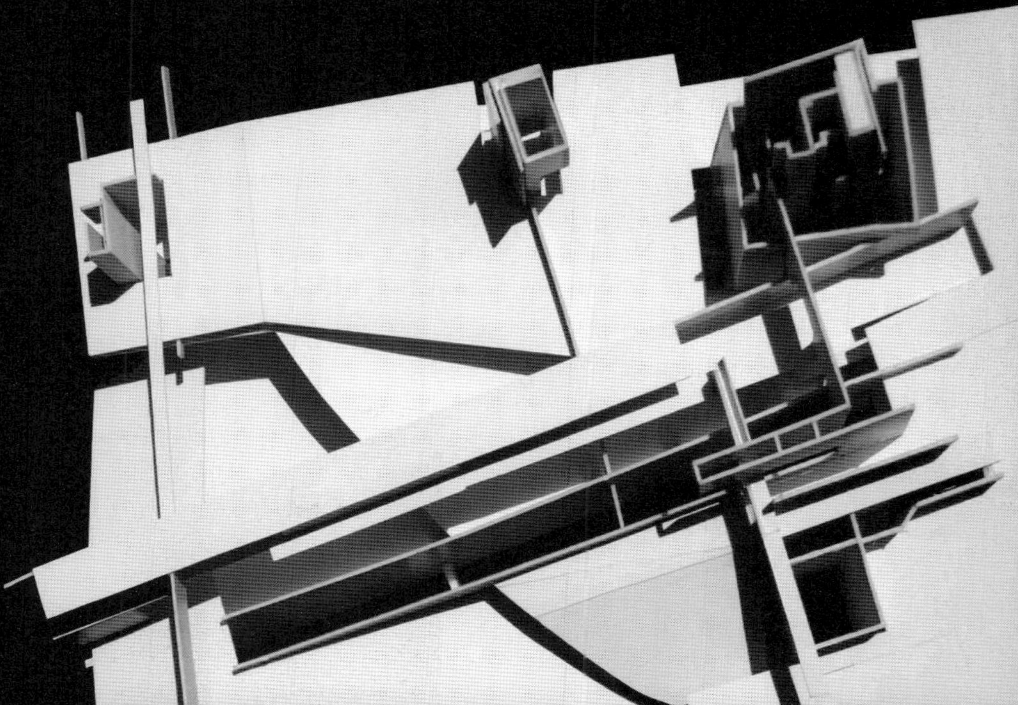

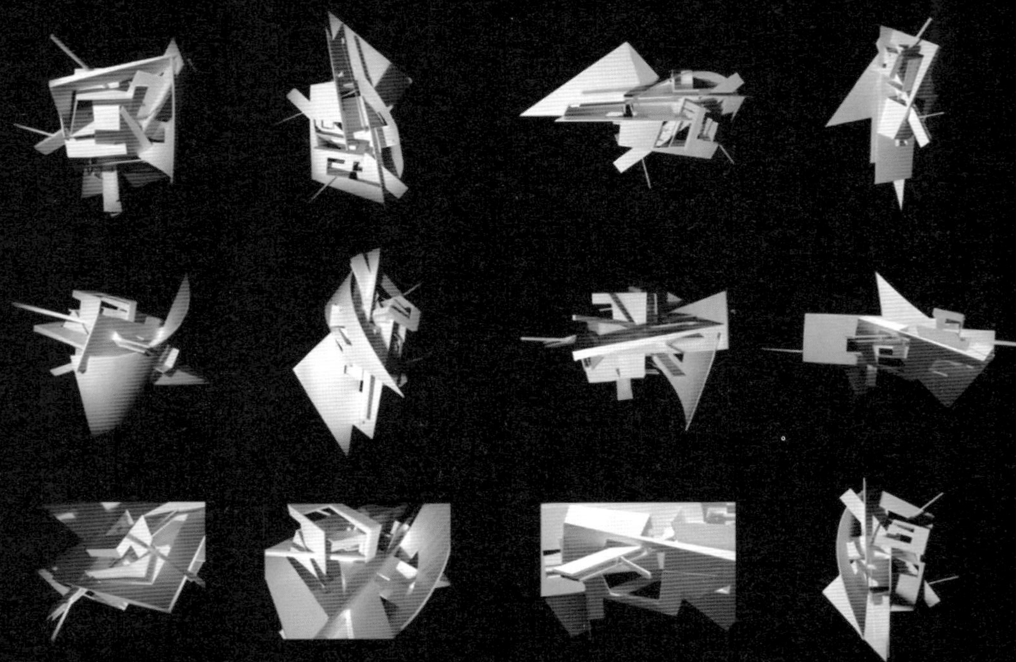

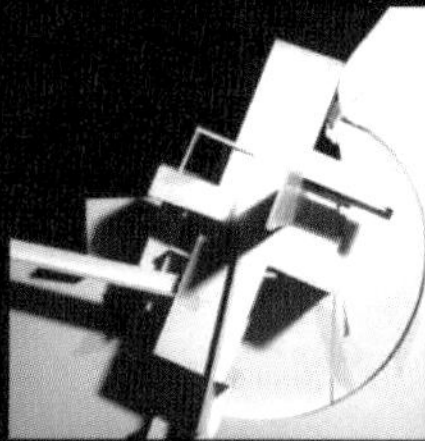

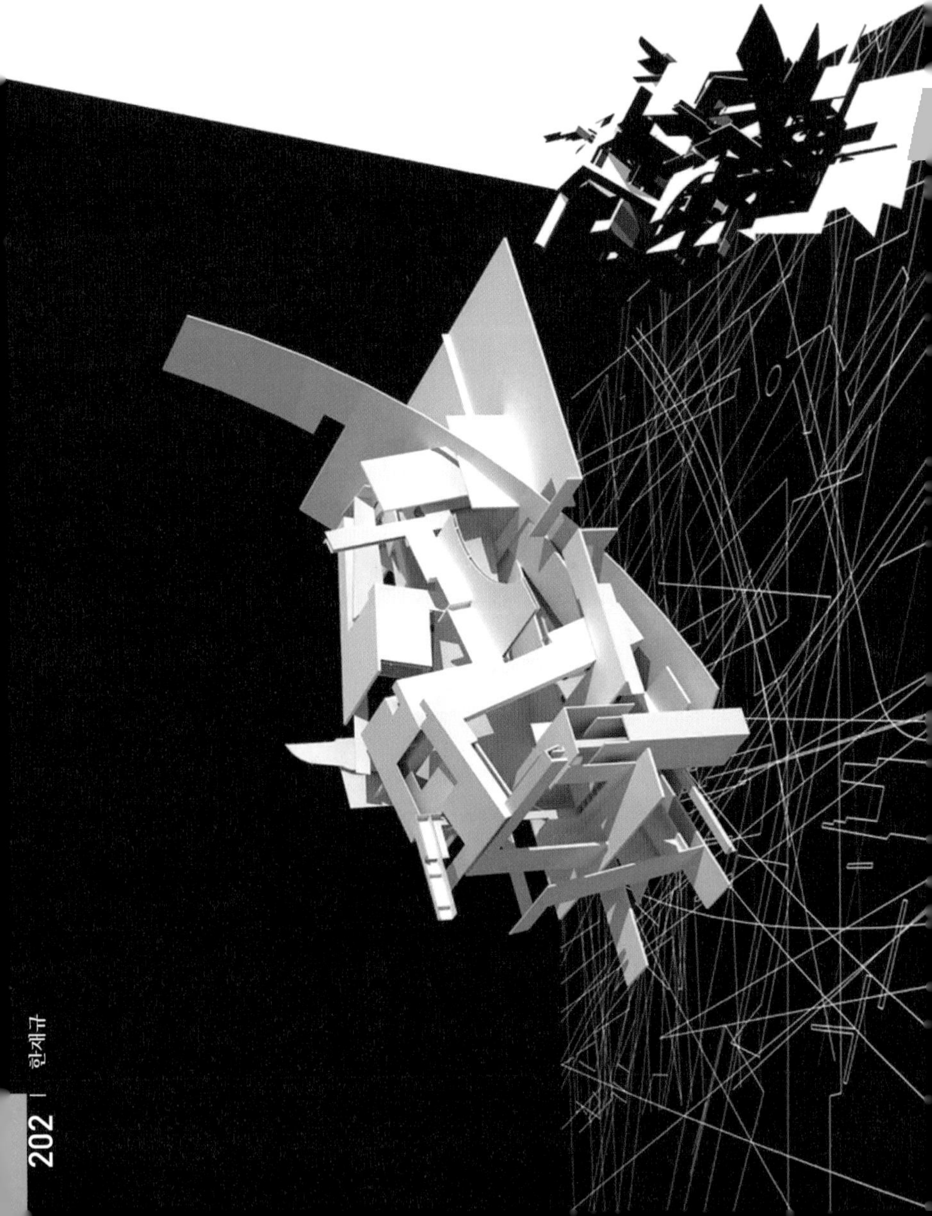

Skin House

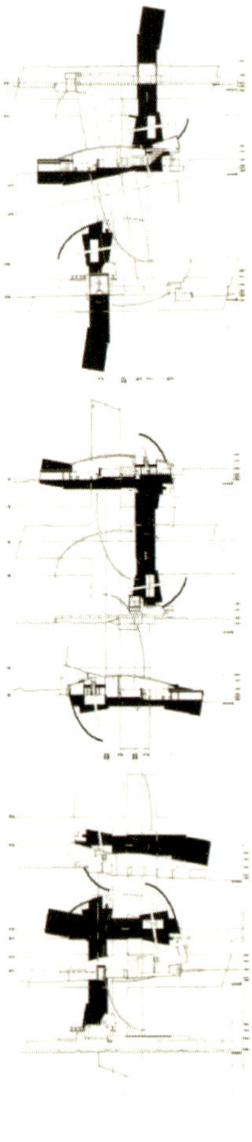

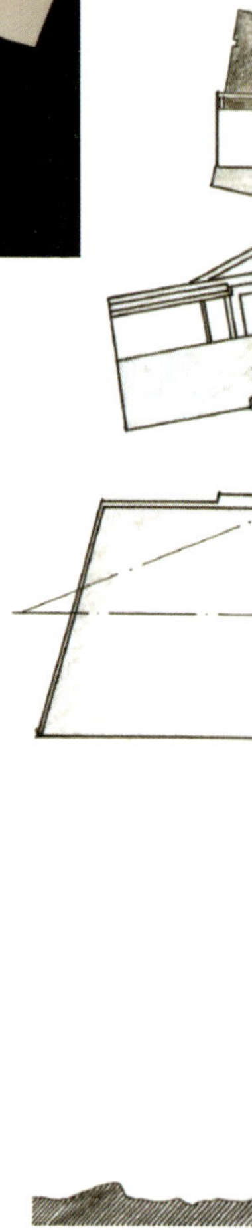

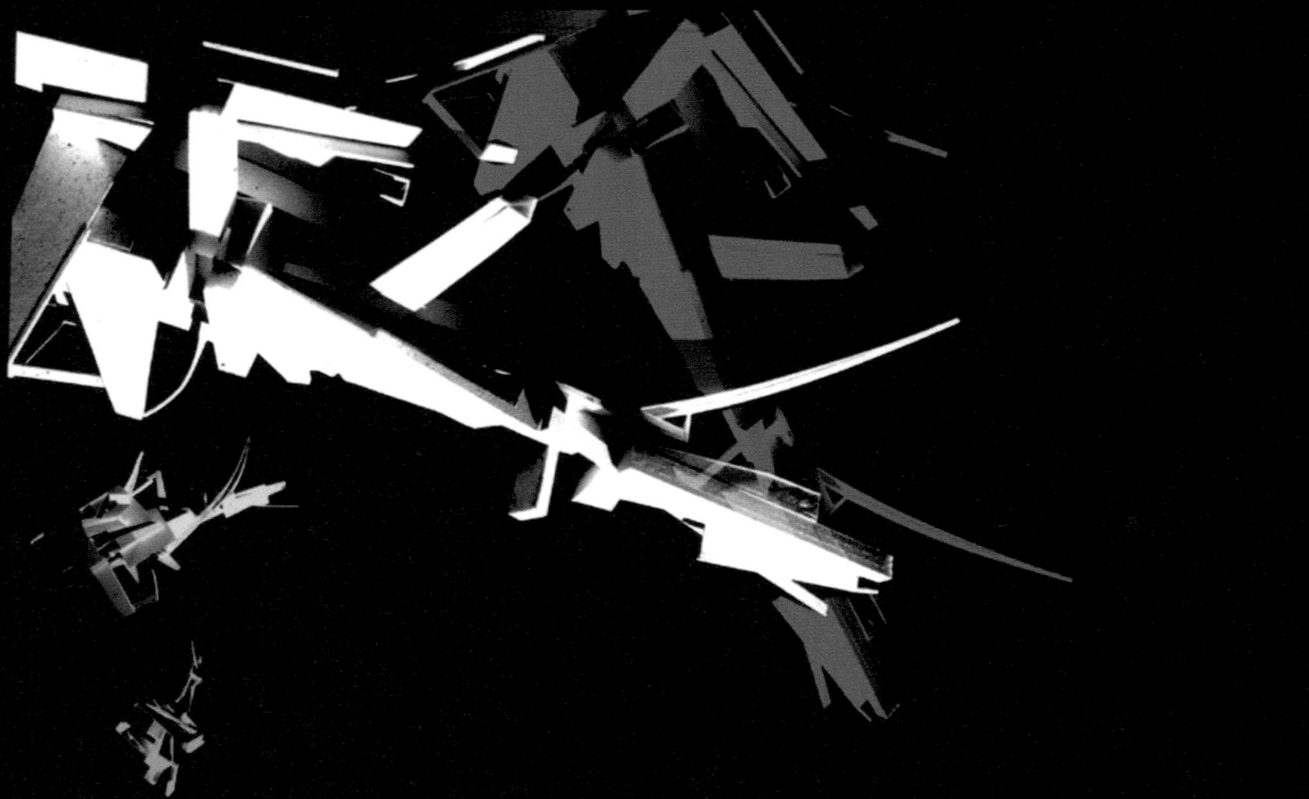

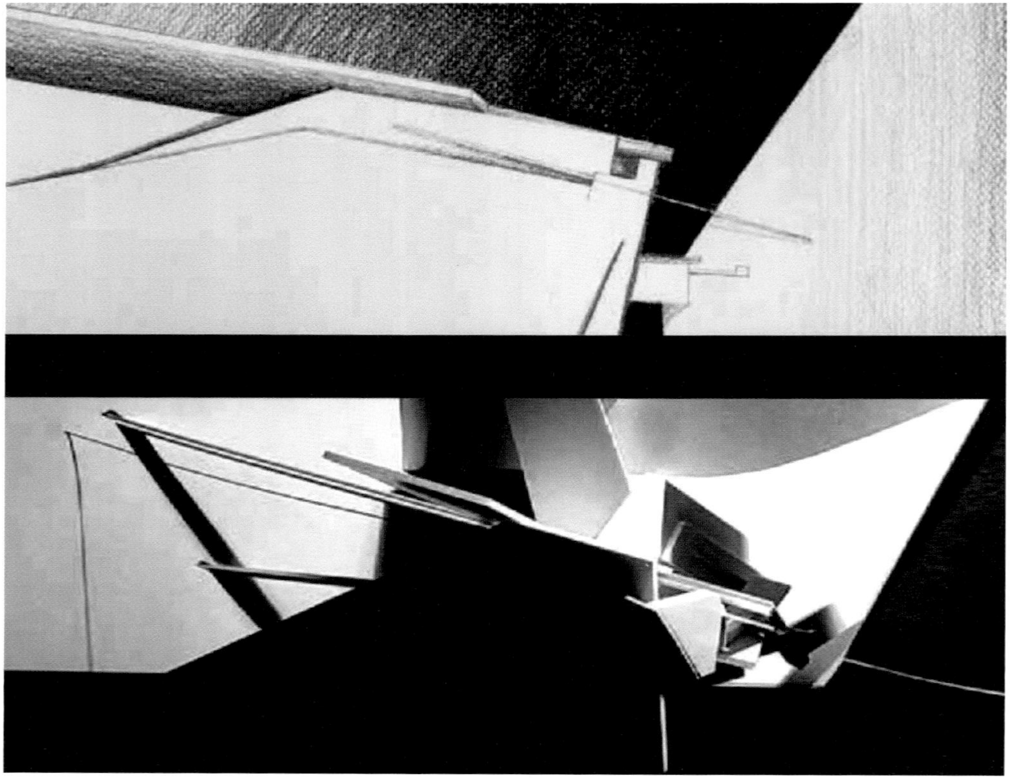

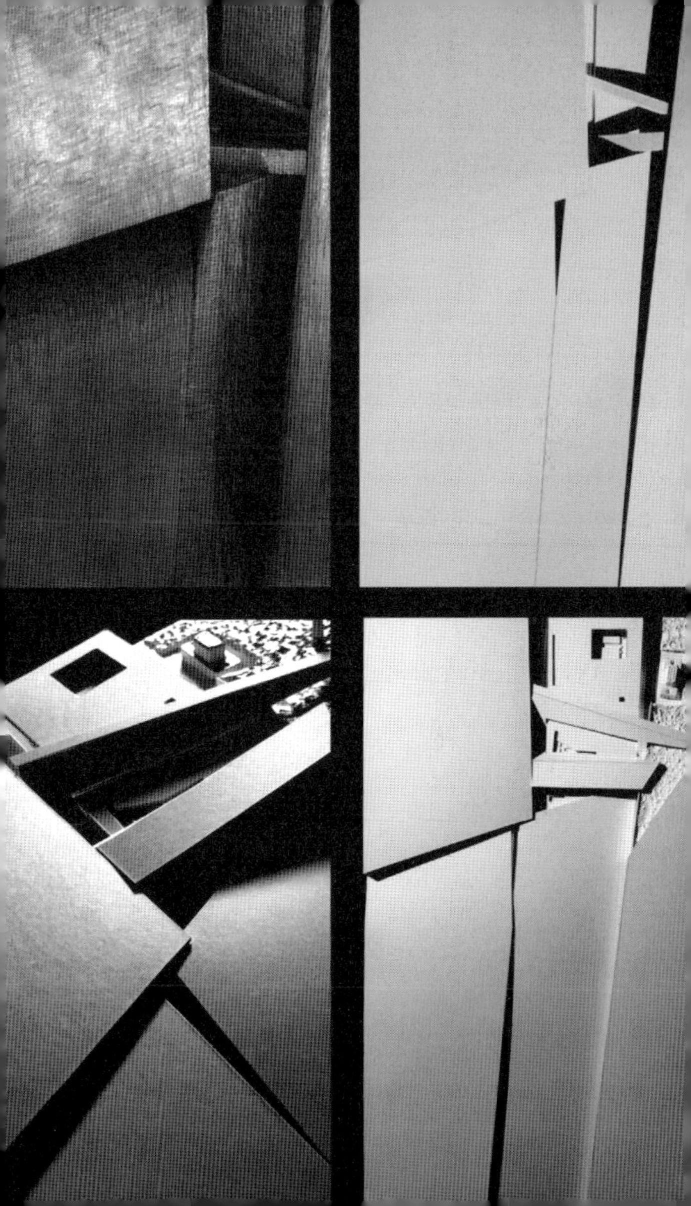

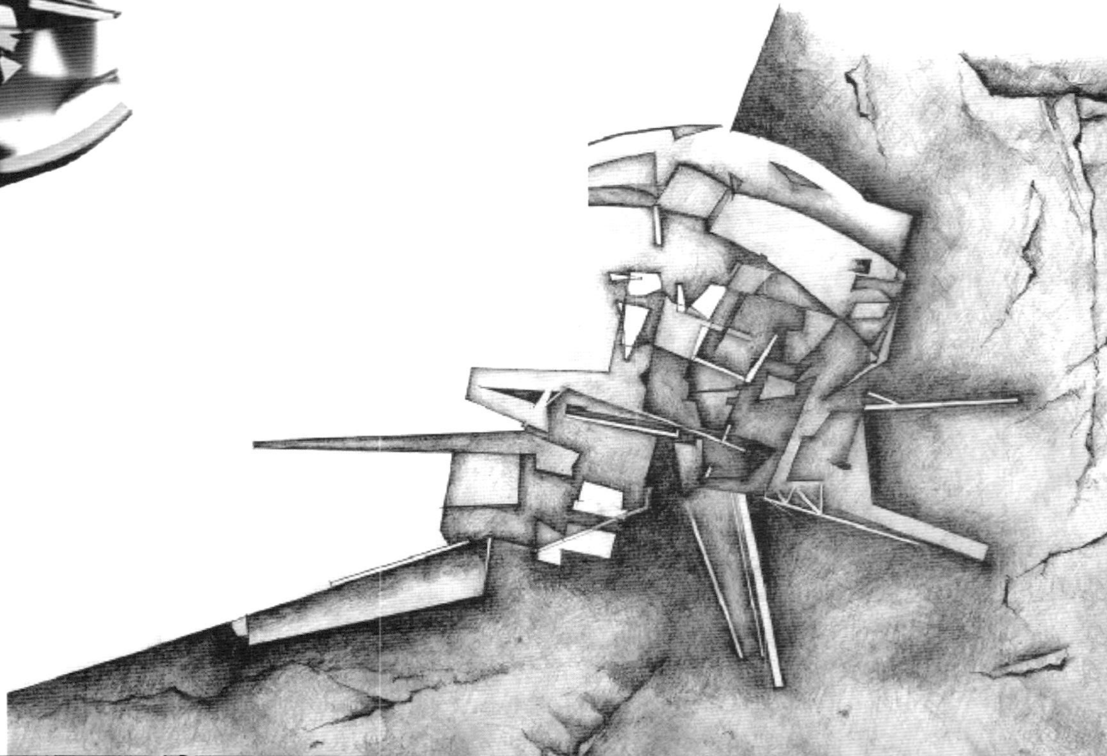

Morphogenesis

진재린

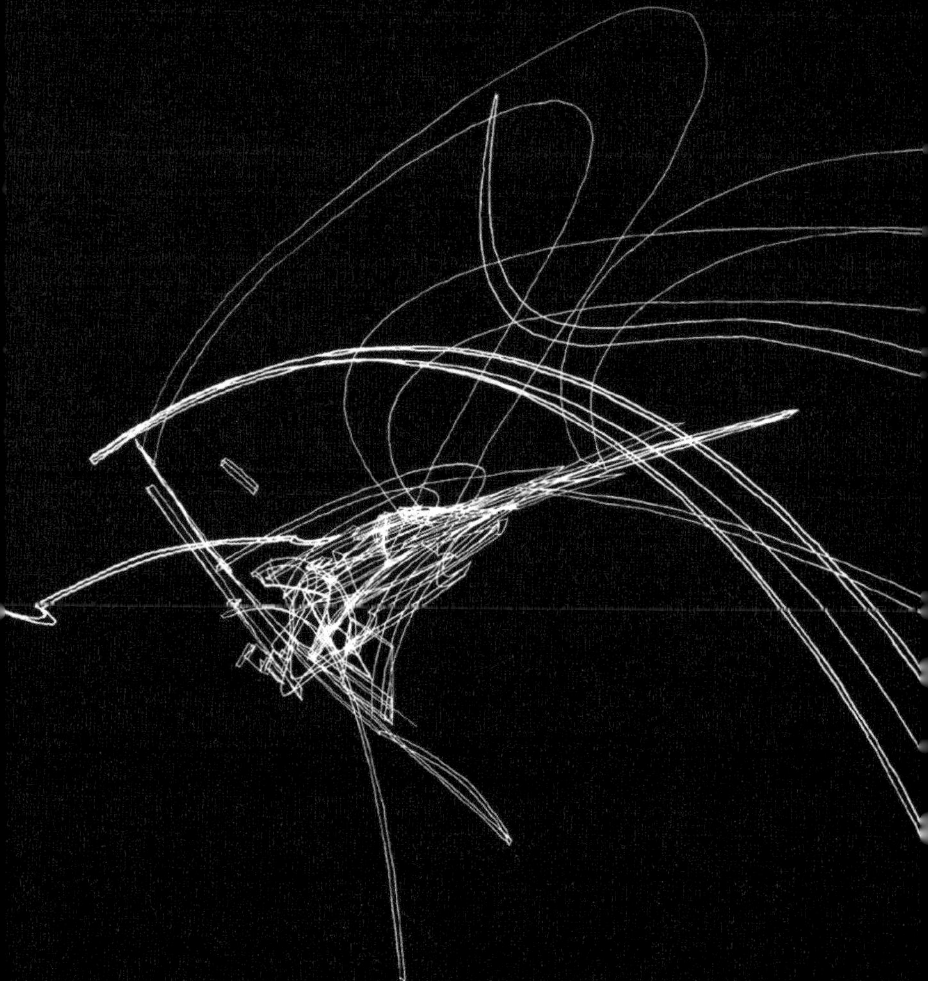

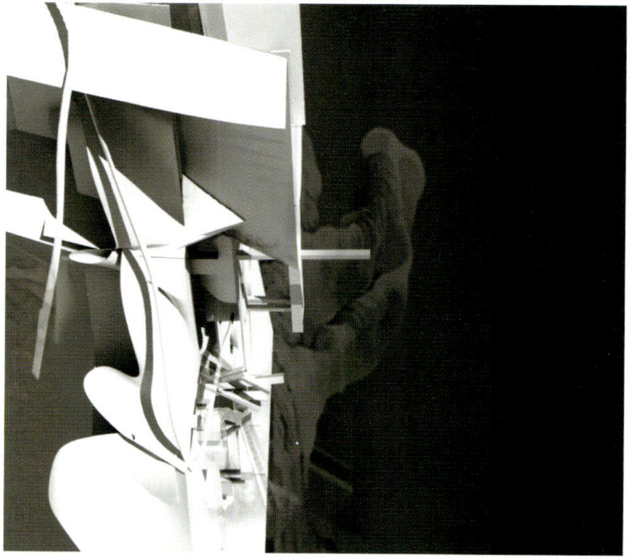

 | 김수경(上)/ 김나연(下)

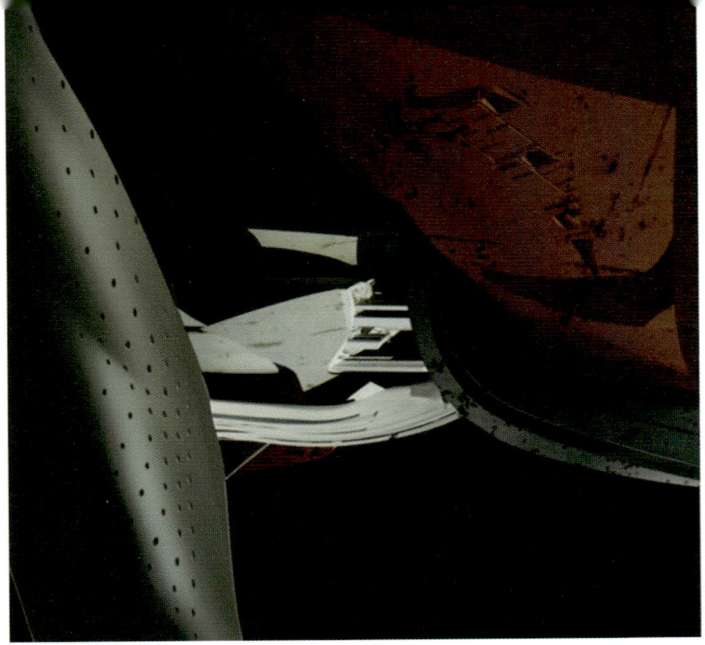

I DON'T

PORTFOLIO

SPACE DRAMA

SPACE DRAMA
A Journey into the cross-section of space

스페이스 드라마

"건축이 회화와 조각과 구별되는 것은 그 공간적 특질 때문이다. 따라서 이점에 관해서 만큼은 다른 예술과 비교할 수 없다. 그러므로 건축의 역사는 무엇보다도 먼저 공간을 형성하였던 인간의 역사이며 건축역사가는 항상 공간의 문제를 전경으로 취하지 않으면 안 된다."
-Nikolaus Pevsner, '유럽건축사 개관'

이 연습은 건축미학 이론의 학습을 병행하며 학생 스스로 건축에서 공간과 형태의 관계성을 발견하도록 만든 프로그램이다. 구체적으로는 드로잉과 모형제작을 오가며, 특히 수직적 차원(단면)에서 공간을 지각하는 감각과 조율하는 능력을 스스로 습득하게 하는 것을 목표로 한다. 따라서 처음부터'구성'의 규칙이나 제약을 두어 건축적 사고를 제도화하지 않음을 견지한다. 대신, 학생들 스스로 단면과 입면을 통해 구축되는 공간의 관계를 인지하며 감각의 본능을 재계발(再啓發-Recultivation)하는데 역점을 두고 있다.

이 일련의 연습과정을 거치면서 학생들은 (공간의)'배치'라는 평면적 사고로부터'단면'이 주는 수직적 영감을 고취하고"연출"의 행위를 통해 '벽이 사라진' 공간 안으로의 여정을 경험하게 된다.

흐르는 공간에서 뜻밖의 수직면과 만나며 예기치 않았던 관계를 발견하는 환희. 이 관계가 만드는 멋진 단면과 파사드를 경험하는 것은'우연(tychē-아리스토텔레스)'이라 해도 즐거운 지적 수확이다. 공간의 위계와 질서, 계층의 변화와 상호관련성의 흐름을 파악하는 것은 상상력의 반영이며 이 상상력은 우리 두뇌의 랜드스케이프를 보는 신비한 경험과 맞먹는 것이다. 이제 각자는 자신들의 몸을 축소하여 구축된 공간 속을 여행하면 된다.

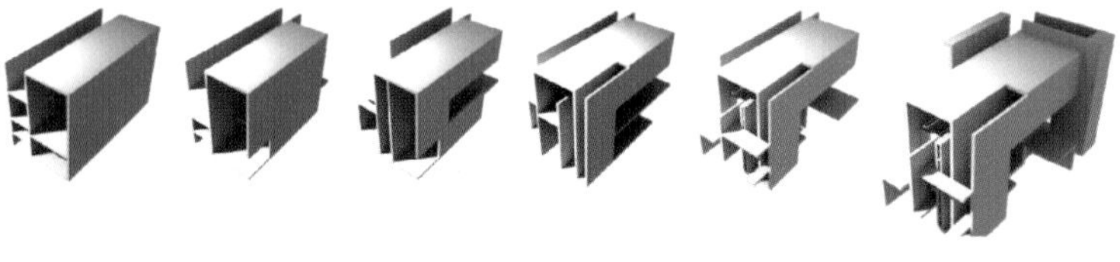

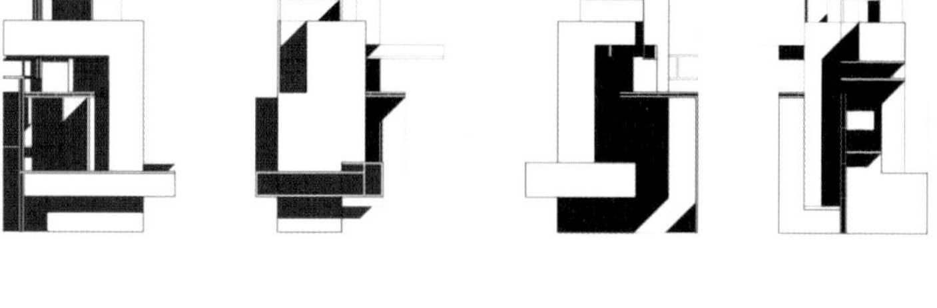

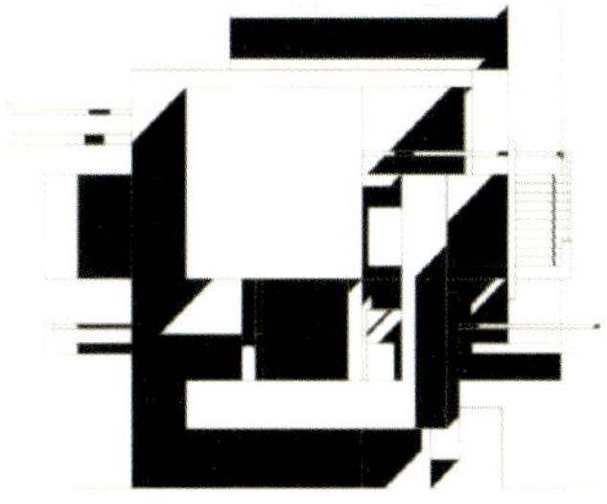

Elevation A

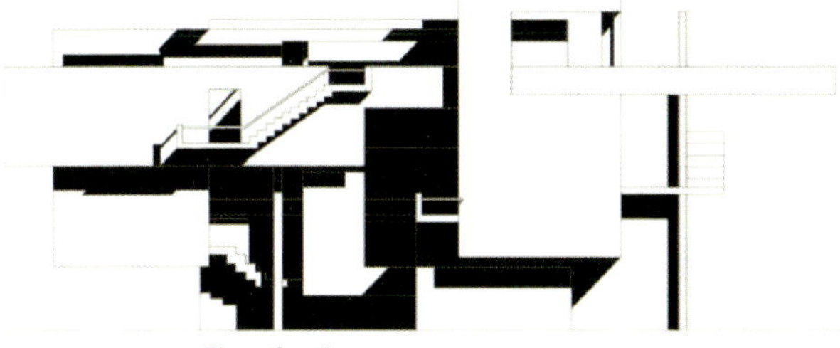

Elevation B

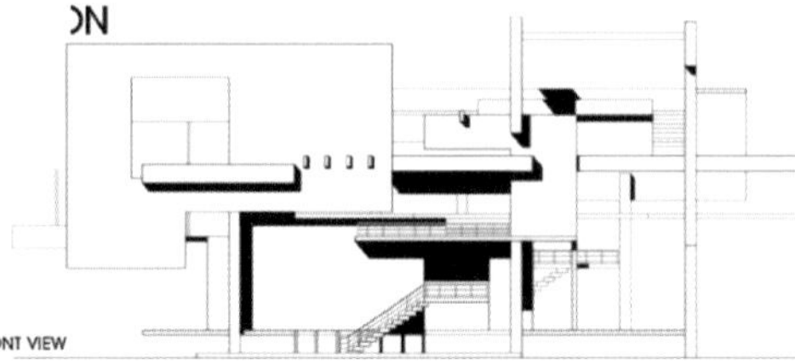

FRONT VIEW

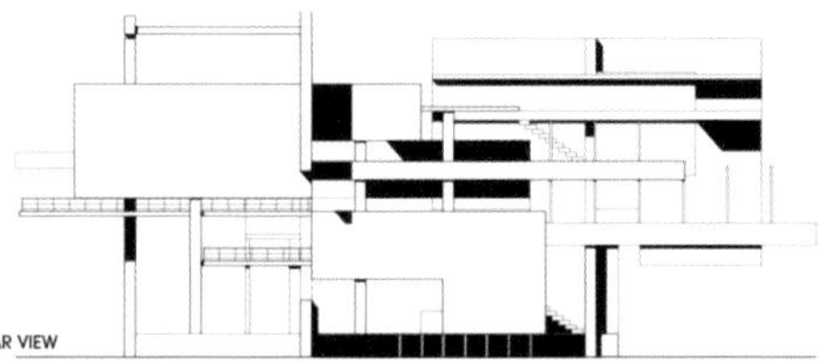

REAR VIEW

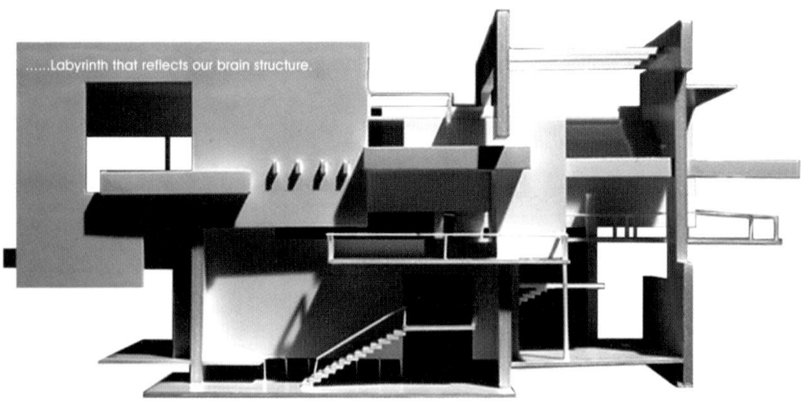

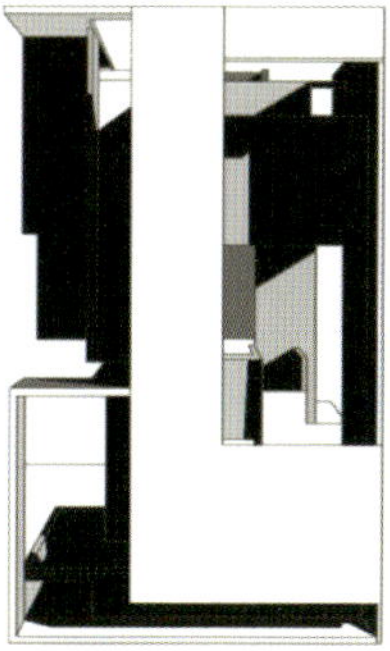

Composition of Space. I

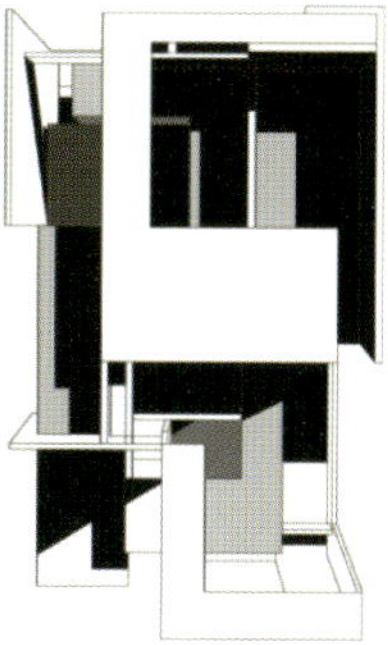

Composition of Space. II

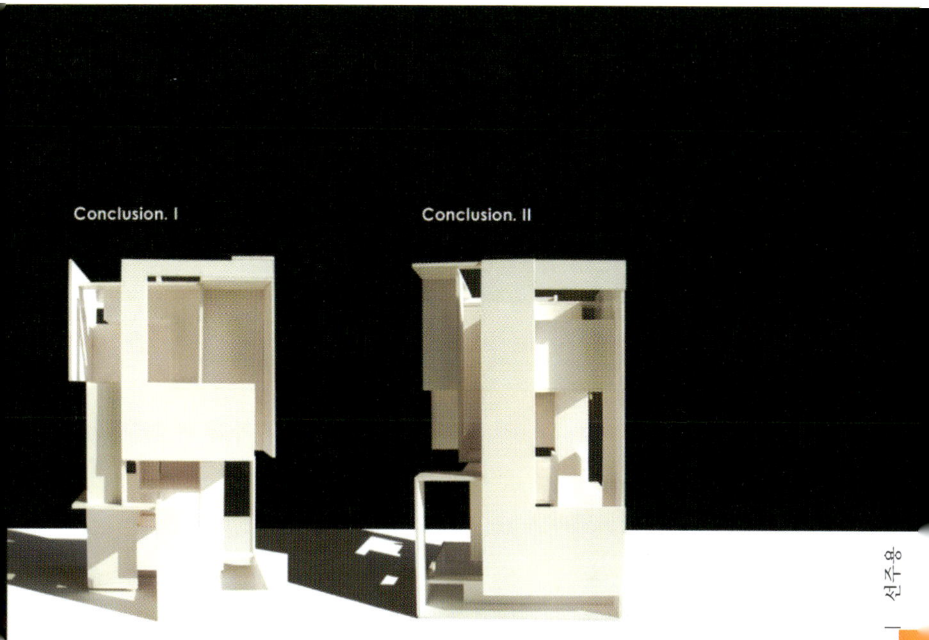

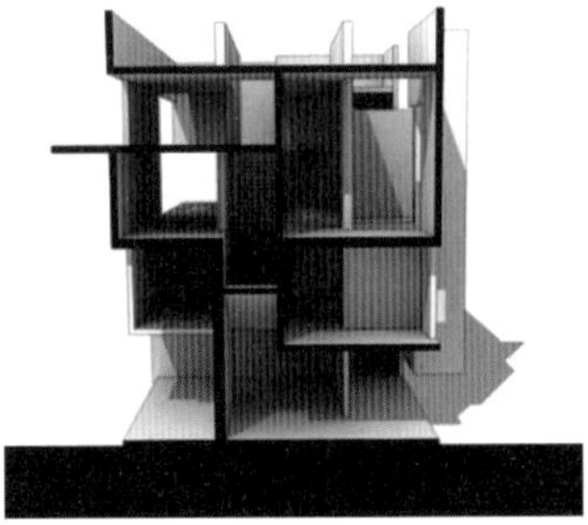

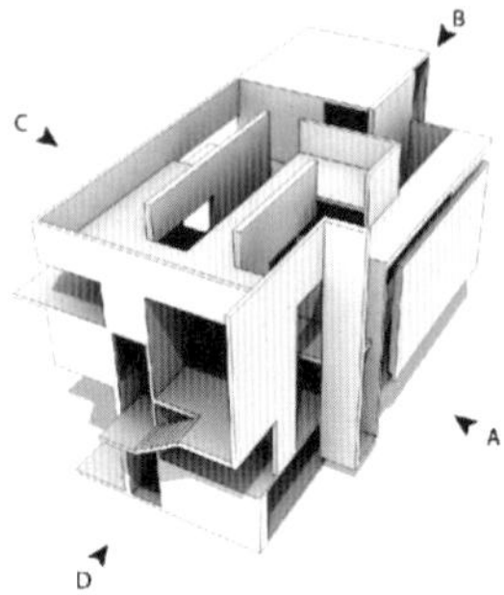
B
C
A
D

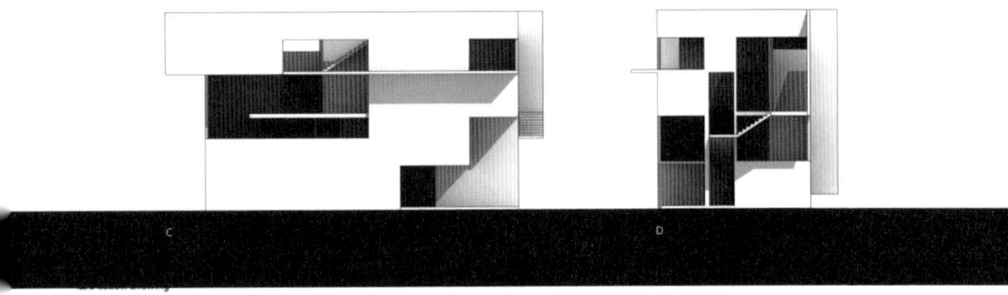
C
D

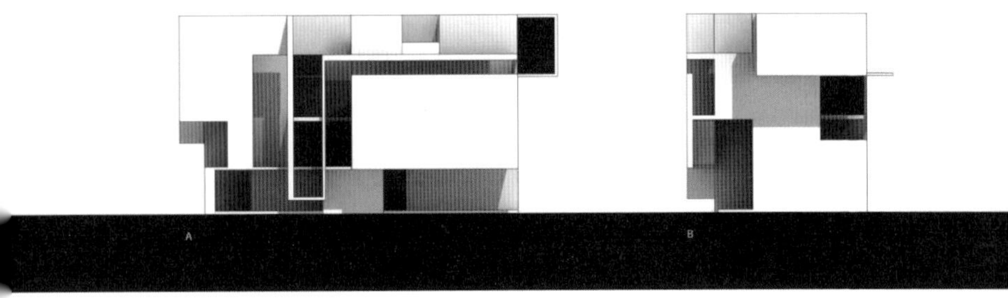
A
B

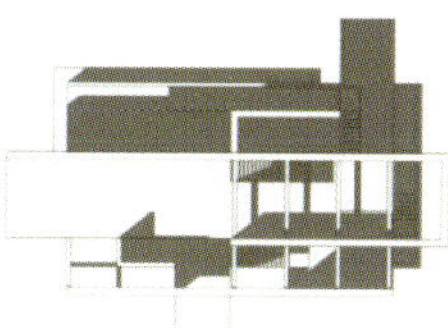

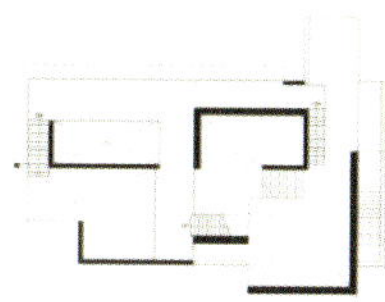

+8500 PLAN

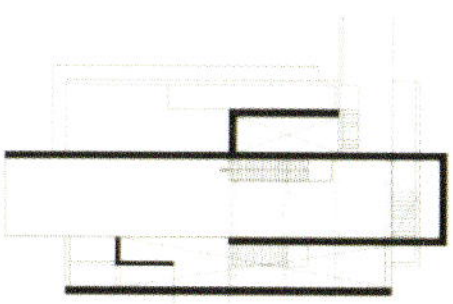

+17500 PLAN

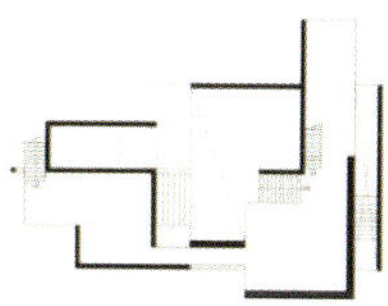

+6000 PLAN

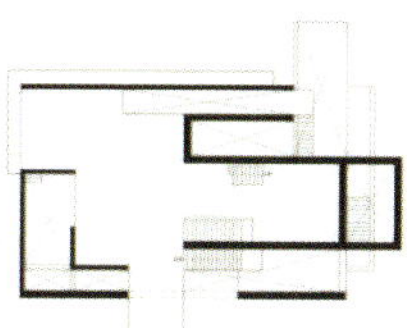

+15000 PLAN

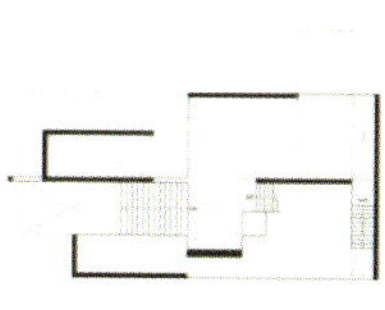

+3500 PLAN

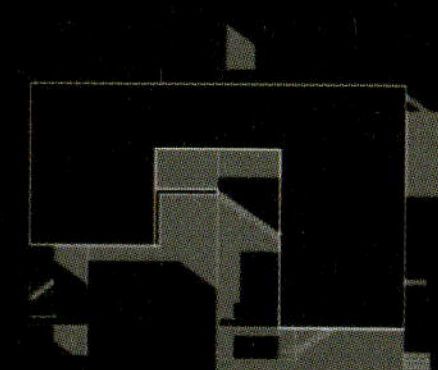

+8500 PLAN

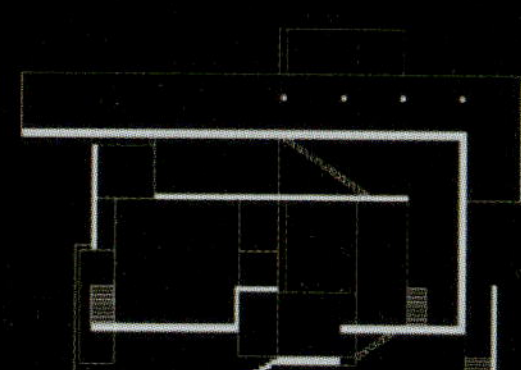

+8500 PLAN

House for a Astronomer and a Geologist

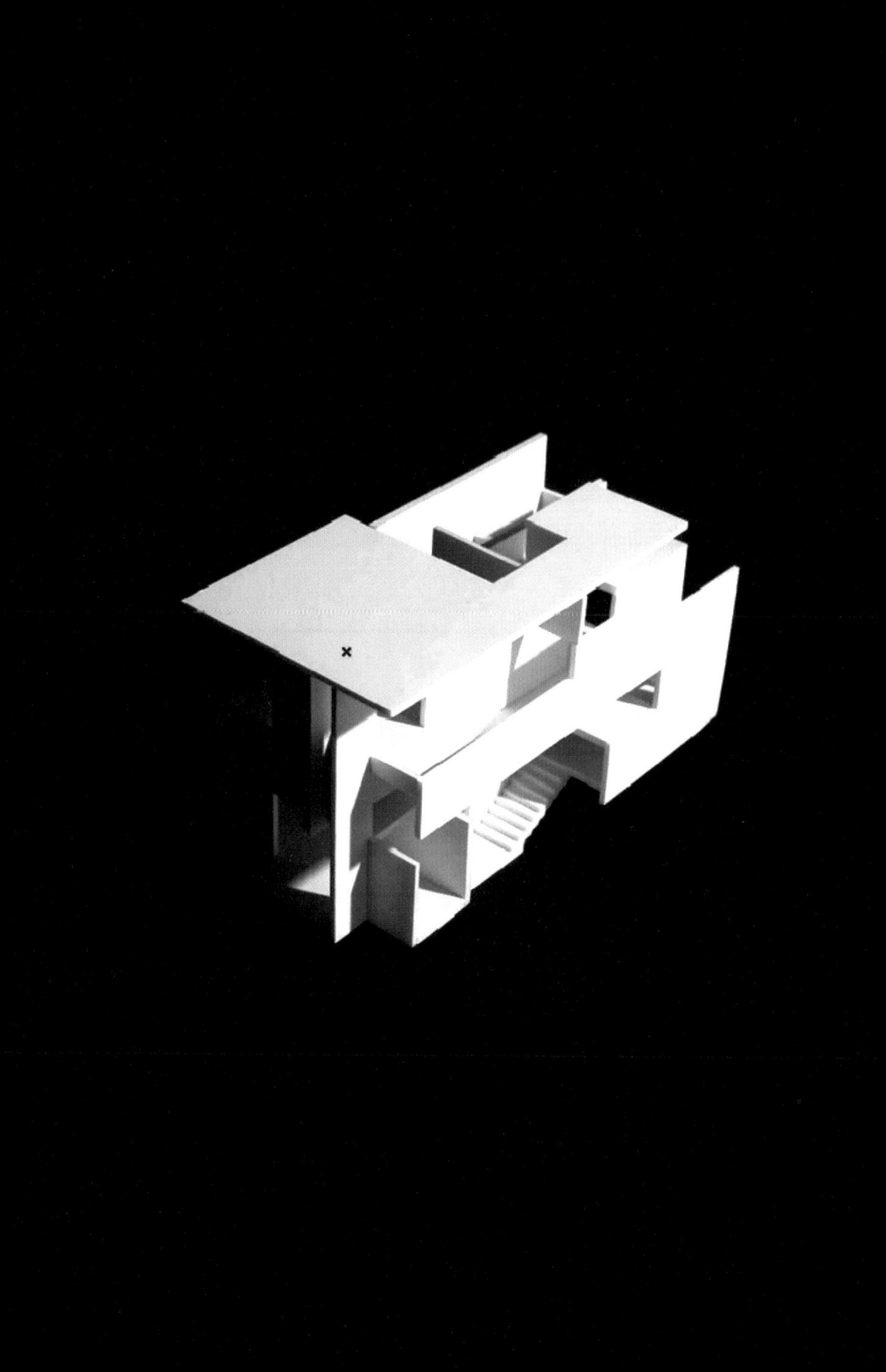

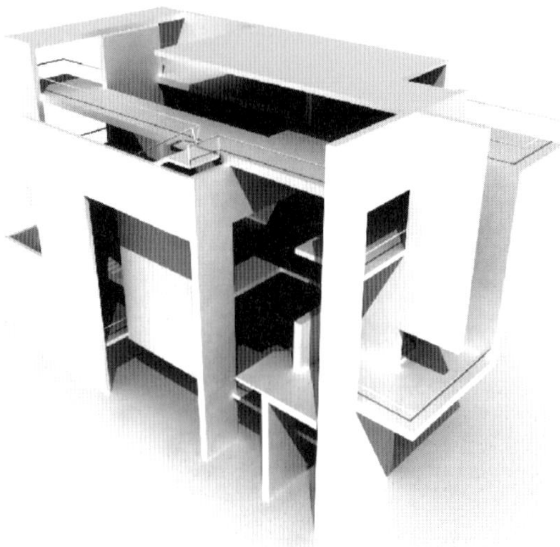

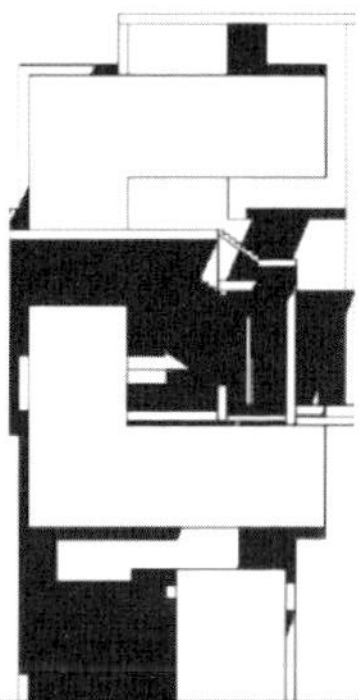
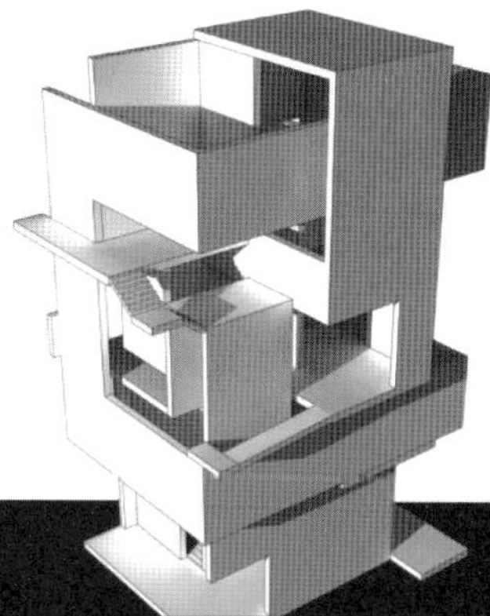
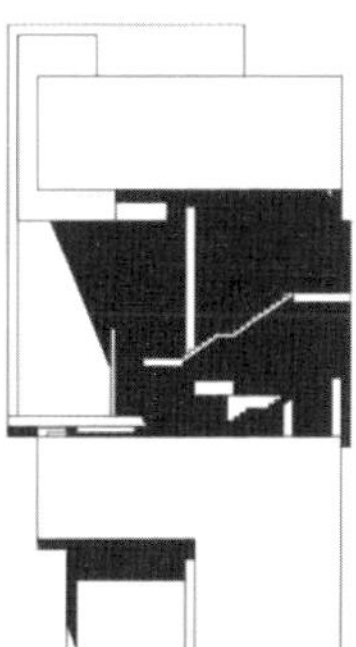
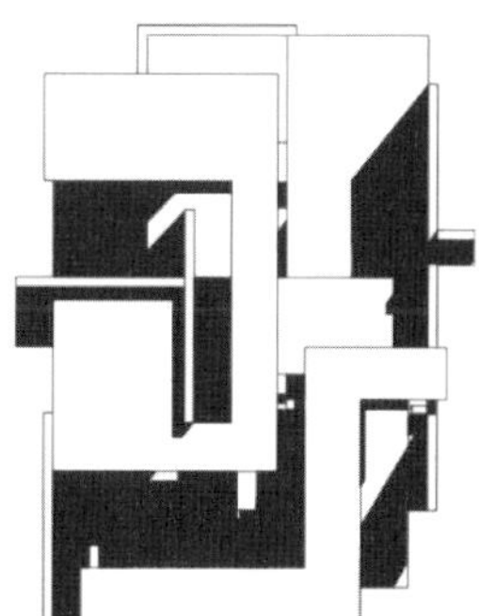

박우영

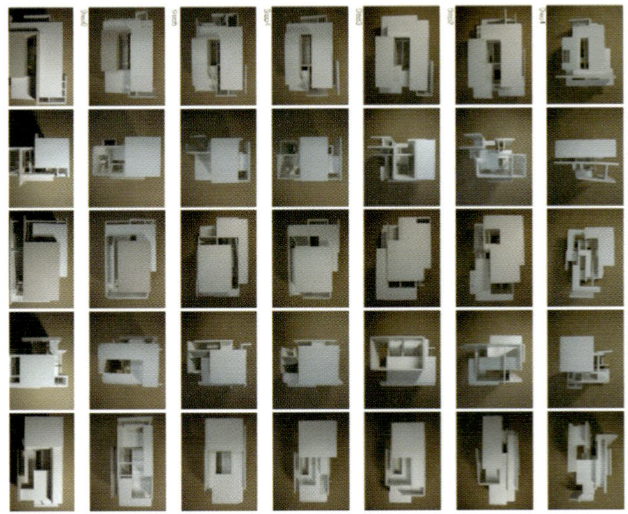

BASIC CONCEPT

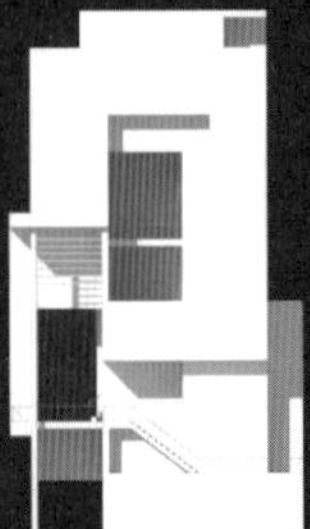

ELEVATION 1

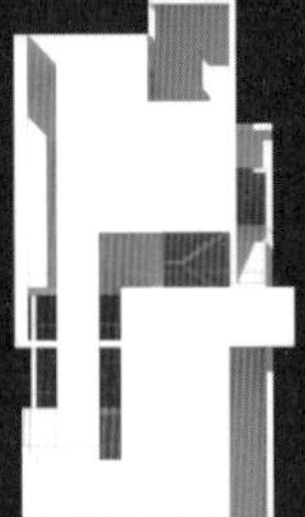

ELEVATION 2

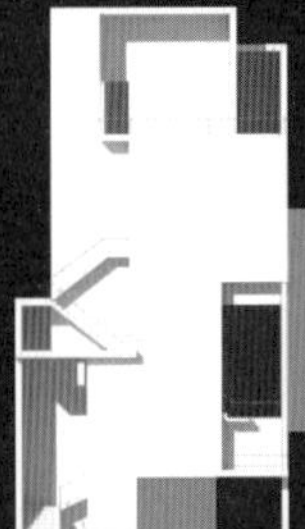

ELEVATION 3

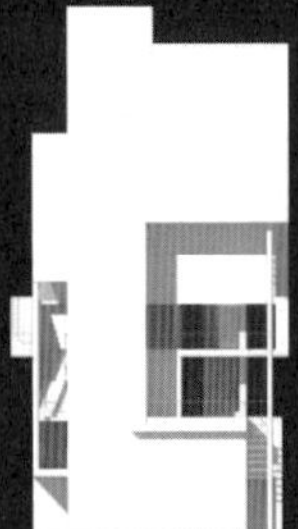

ELEVATION 4

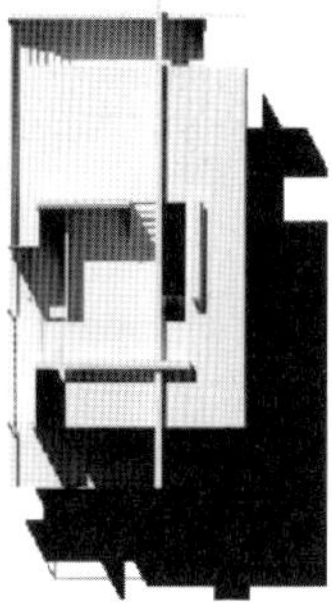

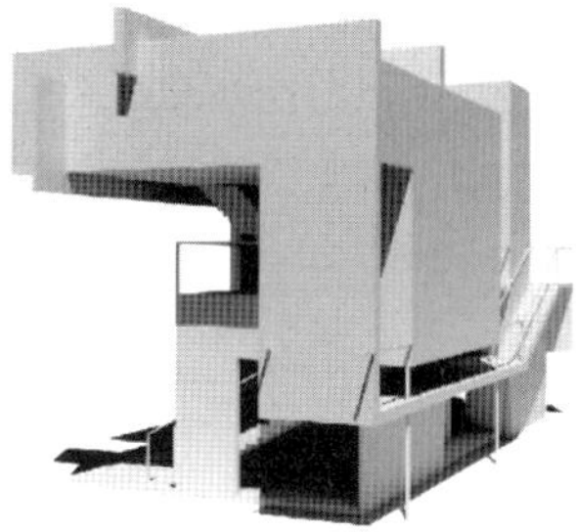

NORTH

WEST

| ELEVATION

SOUTH

EAST

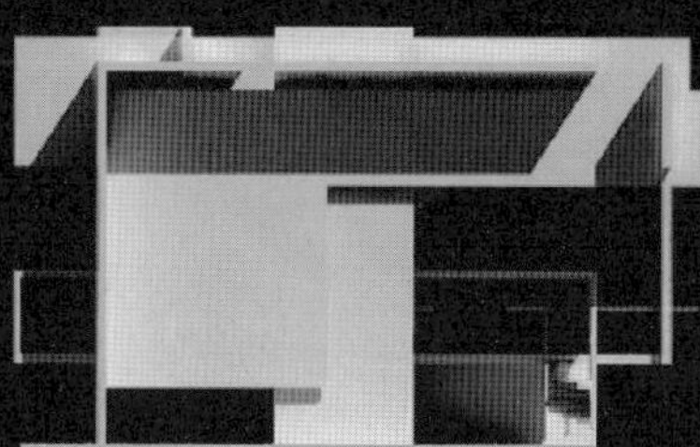

PERSONAL WORK

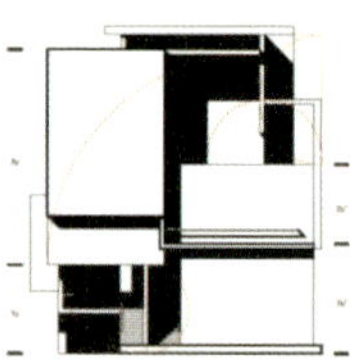

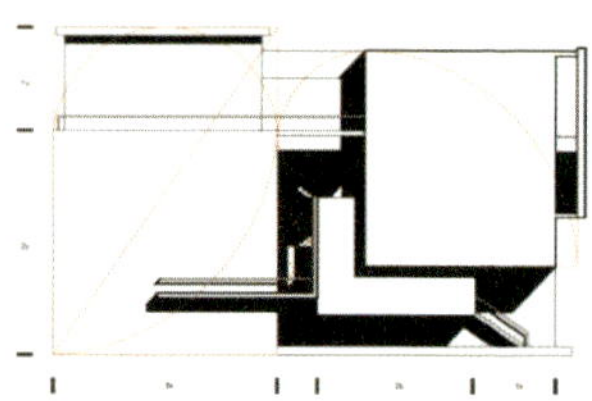

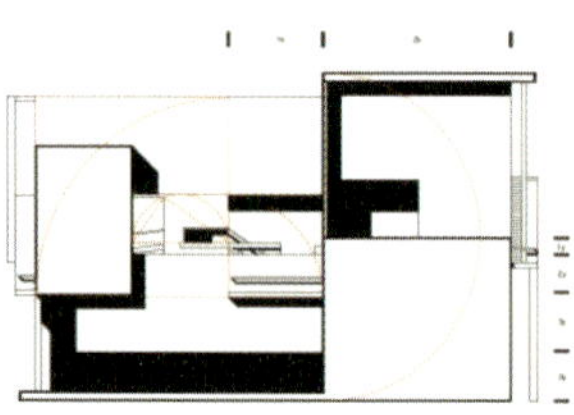

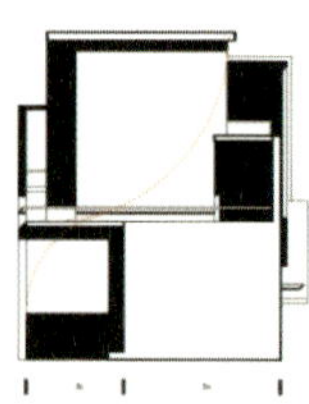

phase 1

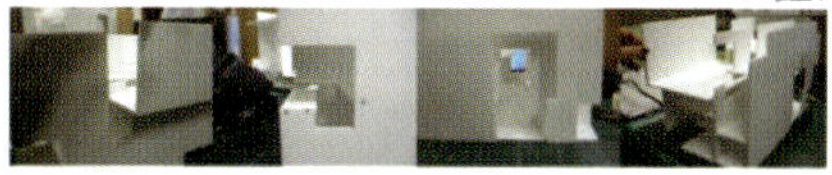

phase 2

phase 3

phase 4

phase 5

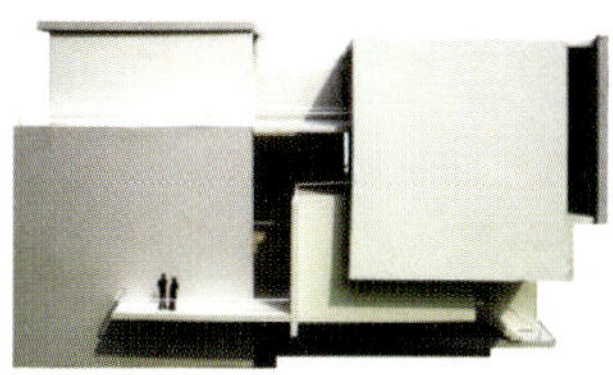

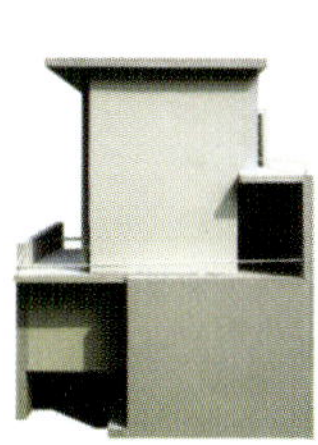

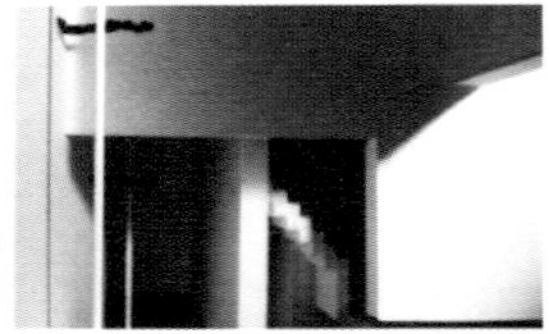

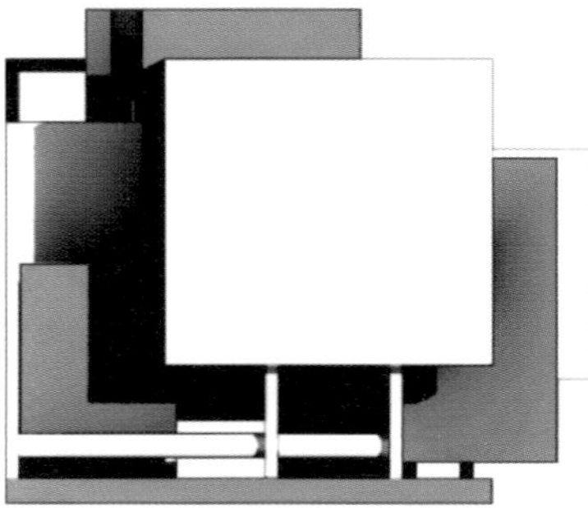
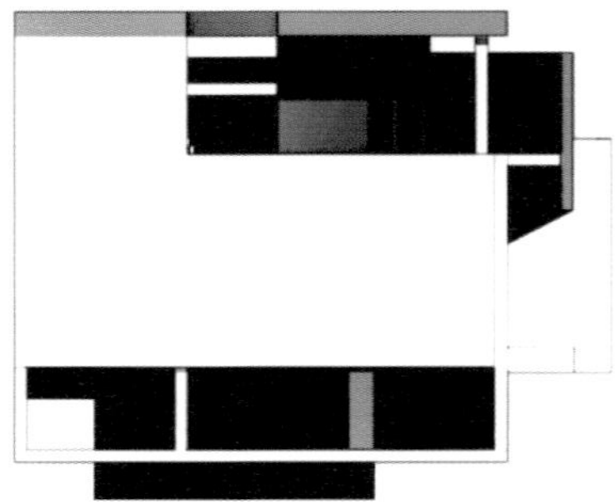

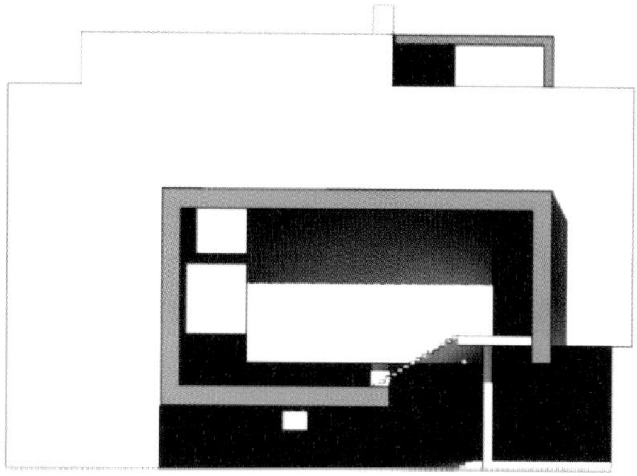

REAR ELEVATION

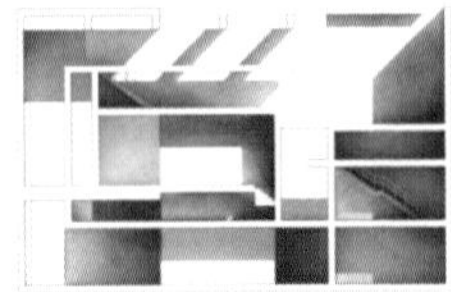

SECTION I

LEFT ELEVATION

SECTION II

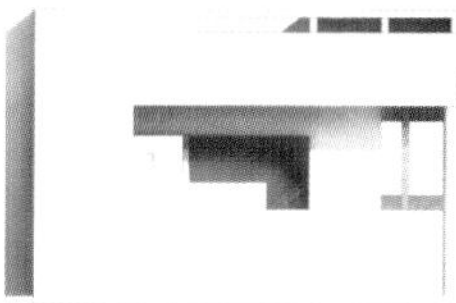

FRONT ELEVATION

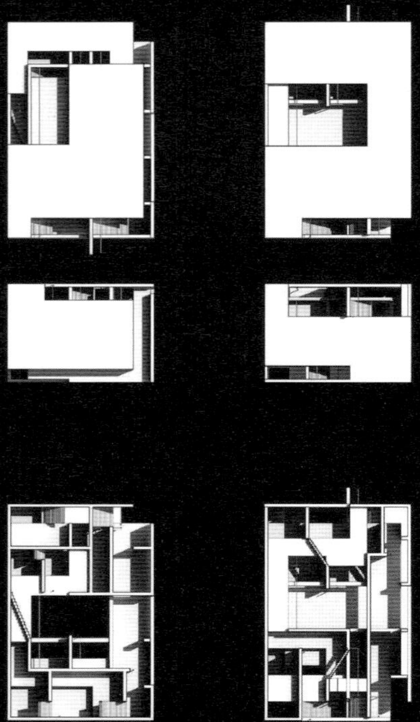

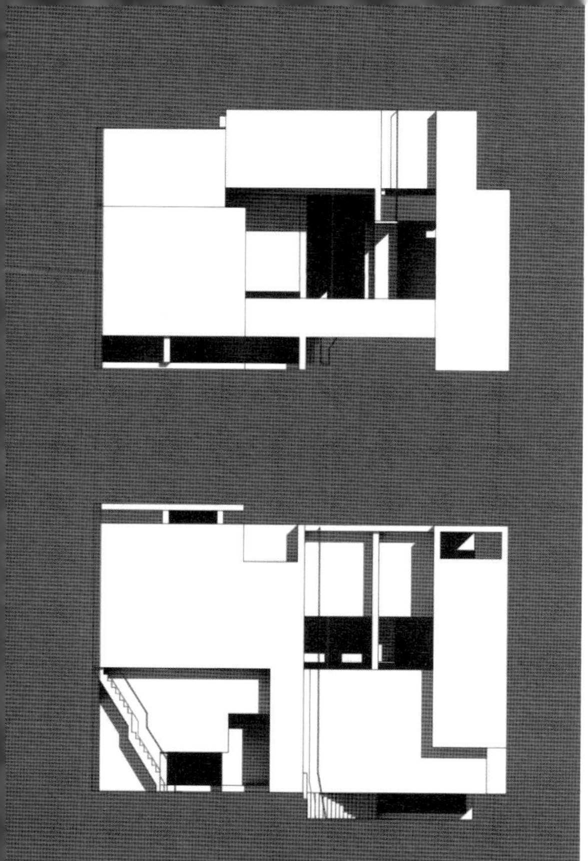

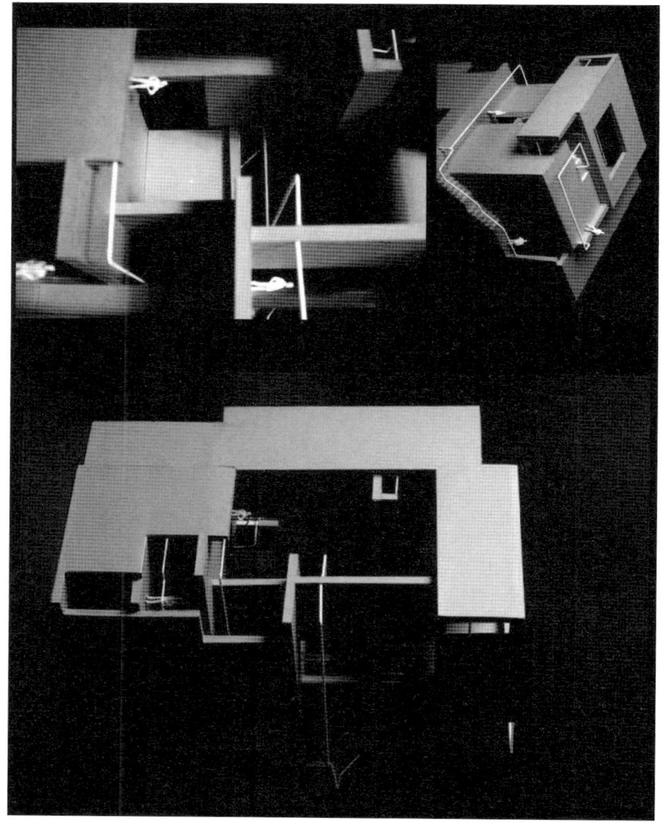

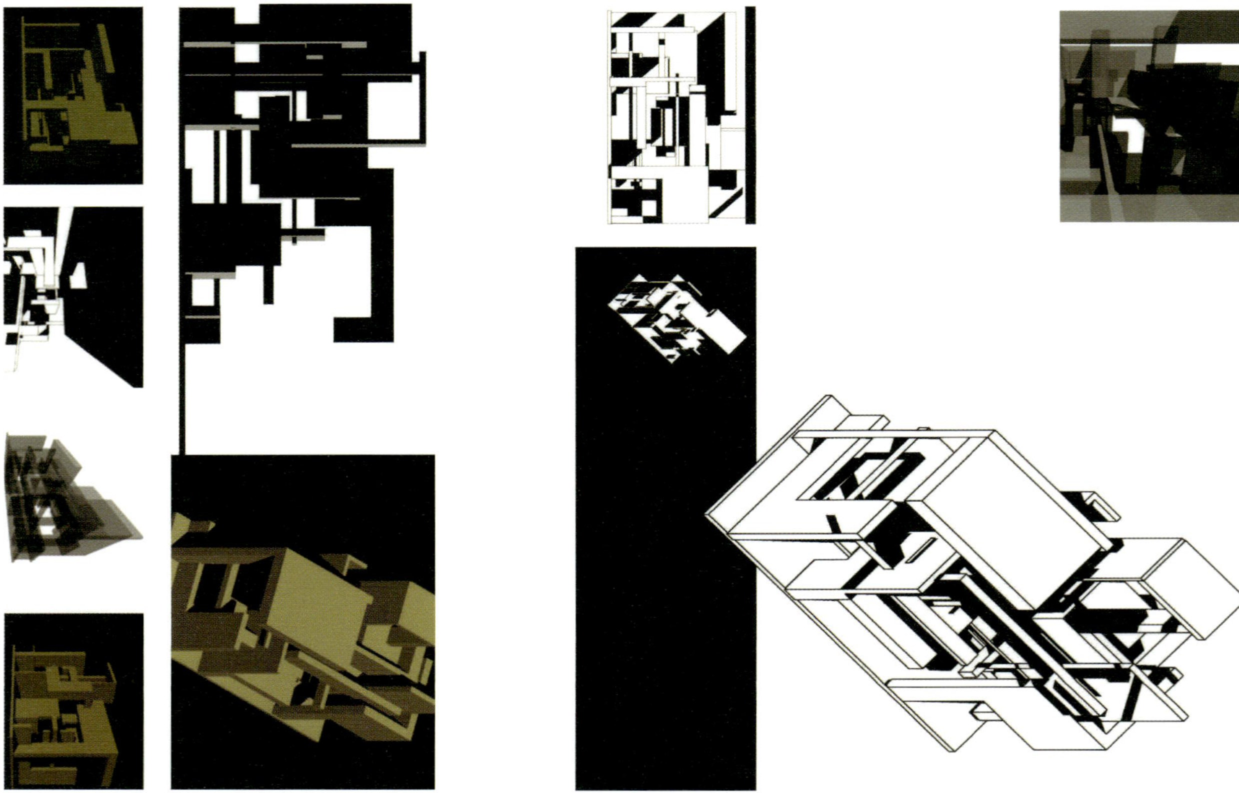

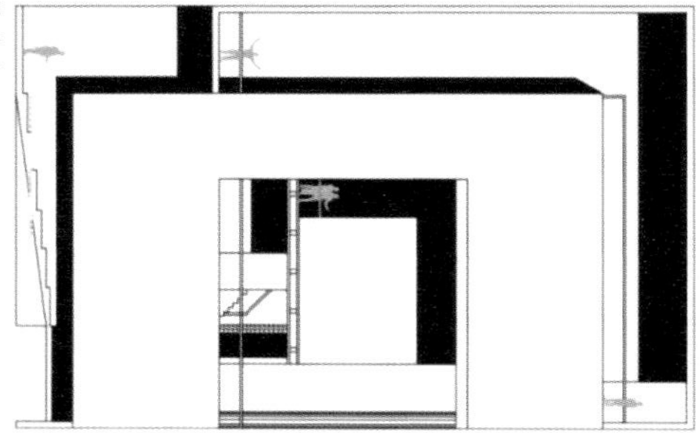

Elevation 1

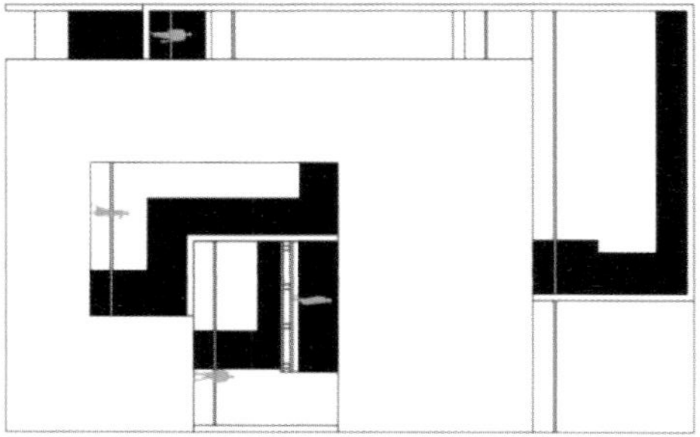

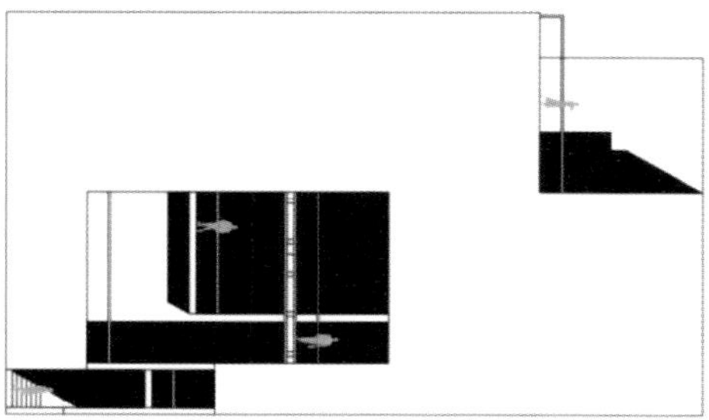

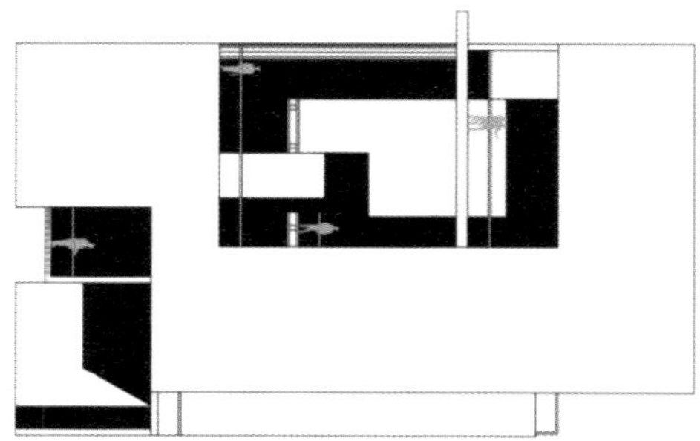

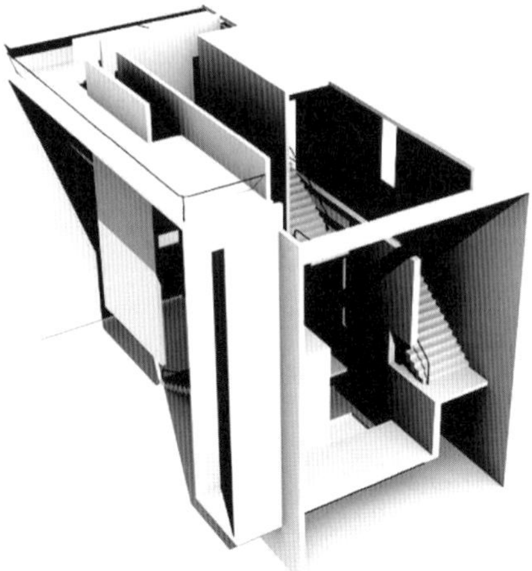

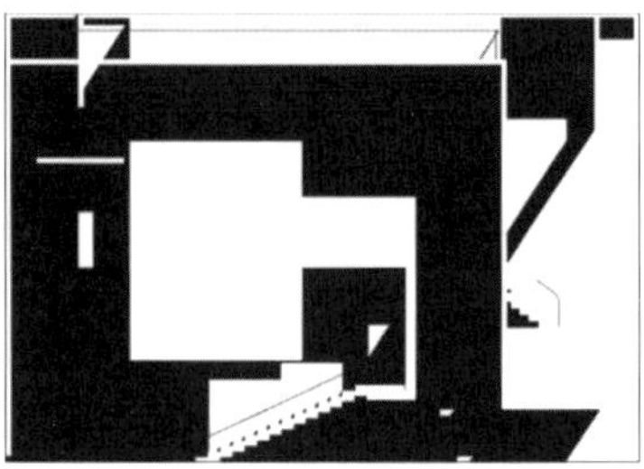

shadow drawing 1

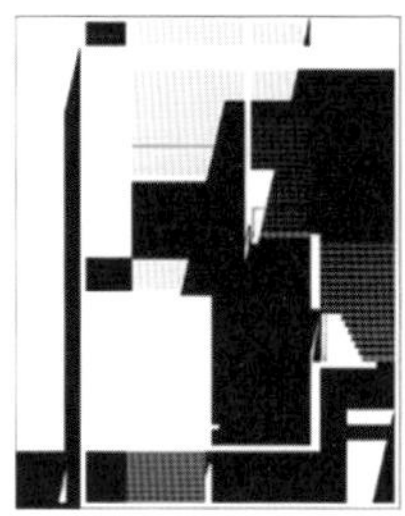

shadow drawing 2

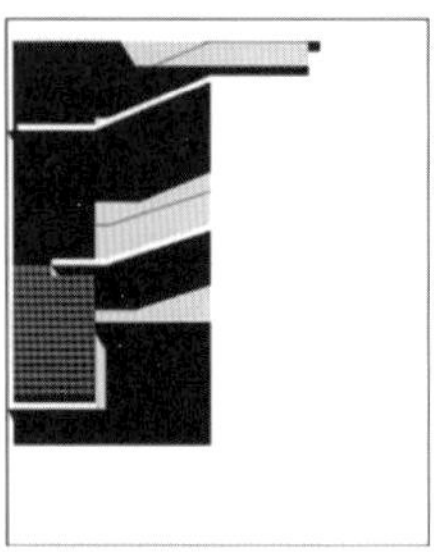

shadow drawing 3

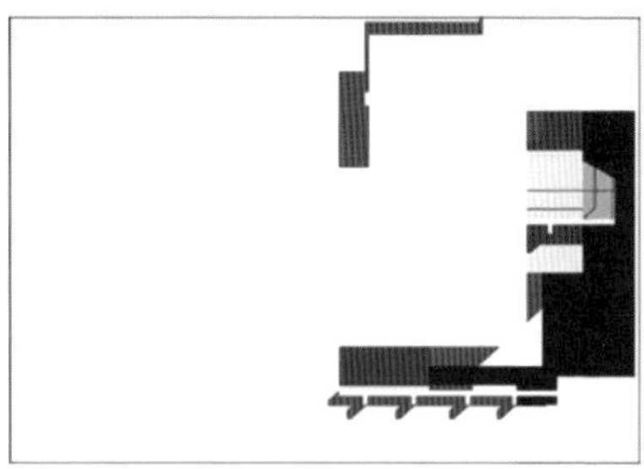

shadow drawing 4

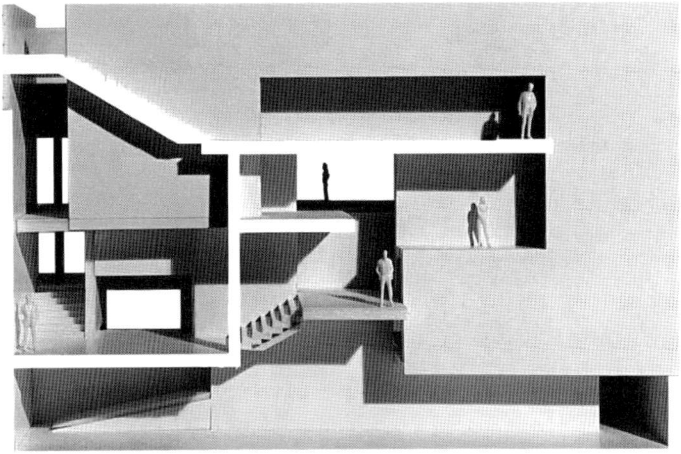

ELEVATION

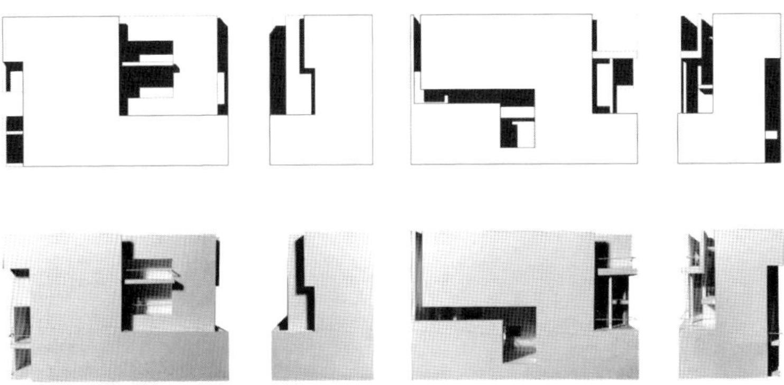

Epilogue

EPILOGUE

팩토리

처음 '건축의장 연구실'을 열면서 '팩토리(factoray)'라는 닉네임을 붙여서 부르기로 했다. "연구실인데 '공장(工場)'이라니요?", "그 공장이 아니라 공장(空·場)"이라고 해도 말장난이라며 재학생은 물론 졸업생마저 손사래를 쳤다. 첫 번째 개인전을 마치고 쓴 일기장을 연구실 홈페이지에 올리고 나서야 이 별명이 인정을 받은 듯했다.

"그러지 않아도 작은 전시회 오프닝을 마치고 너무 감격스러워서 고맙다는 말을 전해야 할 것 같은데, 학생들 논문 끝에 쓰는 감사의 글처럼 하나하나 호명하면서 고마움을 다양하게 표현하자니 조금 어색해서 '팩토리'의 진짜 의미를 칠 행시를 통해 읊어본다:
F는 신의(faith_信義)다. A는 조화(accordance_調和)고, C는 공헌(contribution_公憲)이다. T는 포용(忍耐_tolerance), O는 창의(originality_創意)이며, R은 책임(responsibility_責任)인데, 마지막 Y는 산출(yielding_産出)이다."

- 2004년 9월 24일

학생들은 '무엇을 하는가'의 내용보다는 '어떻게 하는가'의 가치에 동의한 것이다. 일곱 개의 단어에 담긴 건축가의 삶. 그게 팩토리를 유지하게 했고, 그 중 '신의'는 연구실이 지향하는 최고의 가치가 되었다. factory의 라틴 어원(facio)에 담긴 '행동하는 자(doer)', '만드는 자(maker)'에서 'poet'의 어원 중 'creator, maker'의 의미를 공유한다는 의도를 굳이 밝히지 않았는데도 학생들은 스스로 건축의 '바른 실천'을 훈련의 목표로 삼았다.

30년.

햇수로 꽤 긴 시간이다. 그런데 이 시간을 연속되는 순간으로 분절하면 마치 모든 것을 어제 시작한 것 같은 착각에 빠진다. 매 학기 프로젝트를 시작할 때의 흥분과 혼돈이 마무리에 대한 긴장과 기대감 위로 쌓여가는 동안, 지적(知的) 자극을 즐긴 덕분에 시간의 절대성은 사라지고 희열을 만끽했다는 기억만 남아 있다. 일 년을 두 학기로 나누고, 한 학기마다 적어도 한 개 이상의 프로젝트를 수행하는 일정 속에서 깊은 숙고와 교정을 통한 합리적 결말을 기대하기란 쉽지 않다. 그런데도 내면에 감춰졌던 '건축하기'의 본능을 계발해 가며 프로젝트를 수행(do)하는 학생들의 헌신을 목격하면서, '농부와 선생'으로서 보람을 맛볼 수 있었다. 대학에서의 30년은 이런 경이로운 순간들의 연속이었고 그런 훌륭한 제자들과 함께 작업할 수 있었다는 것은 내게 큰 영광이며 기쁨이었다. 하나님은 어떻게 인간을 이토록 경이롭게 만드셨을까!

열정 passion

이 책에 담긴 모든 작업은 팩토리의 꿈과 열정의 산물이다. 이미 가르치는 것과 배움의 경계가 사라진 연구실 안에서 나는 제자들에게 큰 빚을 졌다. 그들이 내게 준 신뢰와 영감은 항상 새로운 생각을 하게 했고, 실천으로 옮길 수 있는 자극이 되었다. 좋은 선생이 훌륭한 제자를 배출하기도 하지만, 반대로 훌륭한 제자들이 좋은 선생을 만드는 것도 사실이다. 순자(荀子)의 권학편에 나오는 '청출어람 청어람(青出於藍青於藍)'에 대한 내 견해다.

2007년 지천명의 나이가 되던 해부터, '스승의 날' 행사를 '사제(師弟)의 날'로 바꿔서 기념하기로 했다. '사' 나 '제' 나 자칫 잊어버릴 수 있는 젊은 날의 초상을 돌아보며, 그때의 꿈을 잃지 않도록 서로 용기를 북돋워 주자는 의도였다. 그때는 꿈과 열정이 한 낱말처럼 쓰였는데, 그냥 '열심'을 낸다거나 격정적이라는 말과는 다른 차원이다. 원래 '열정'이라는 말은 그리스도의 '수난과 십자가의 죽음'에서 유래되어 '고난(suffering)과 인내(enduring)'를 함의한다.

지금도 바쁜 일상을 쪼개어 시간이 날 때마다 모여 아이디어를 내고

EPILOGUE

토론을 하며 이 전시와 책자를 준비하는 '팩토리언(factorian)'들의 모습 속에서 내 정년 퇴임을 기리기보다는 또 다른 꿈을 꾸는 열정을 읽고 만다. 꿈을 위해 고난을 감내하는 제자들의 한결같은 열정에 찬사를 보내며, 제자이고 동료이자 또한 내 스승이 되어 준 그들을 만나게 해주신 하나님의 섭리에 감사와 영광을 드린다.

경계 상황

미국에서 대학의 학위수여식을 '시작(commencement)'이라고 부르는 것은 '끝남'의 경계 상황을 함의하는 의미심장한 표현이다. '끝남'의 경계'영역'이 '시작'으로 채워지는 순간을 포착하고 있기 때문이다. 그래서 이 순간의 보이드는 욕망보다는 무한한 감사로 채워져야 마땅하다.

우선 교직에 있는 동안 큰 도움과 용기를 주셨던 고(故) 원정수 교수님을 비롯한 존경하는 인하대 건축과 교수님들, 그리고 선배님들에게 겸허한 마음으로 깊은 감사를 드린다. 그분들의 격려가 있었기에 여기까지 올 수 있었다.

더불어 이 땅의 건축을 고민하며 미래의 모범이 될 건축가를 양성하느라 한 시대를 공유했던 동료 교수님들과 건축가들에게 빚진 자의 마음으로 심심한 사의를 표한다.

전시회와 책자 작업에 물심양면으로 도움을 준 모든 인하대학교 건축과 동문, 제자들, 그리고 이 행사를 주관해 준 사랑하는 '팩토리' 제자들에게 진심 어린 감사를 덧붙인다. 또한, 불경기로 또다시 어수선해진 사회적 상황임에도 기꺼이 출판에 응해주신 시공문화사의 김기현 사장께 고마움을 전한다.

마지막으로 늘 옆에서 나를 지켜주며 영적 동역자가 되어 준 사랑하는 아내, 영주에게 감사와 축복의 마음을 전한다.

부족하지만 이 지면을 통해 아들의 꿈을 한결같이 믿고, 용기를 주시며 제자들을 걱정해주시던 돌아가신 어머니, 진복진(秦福振) 님의 사랑을 기리고자 한다.

Appendix

Factory 학위 논문 목록

박사논문		
2015	정기욱	인간생태학적 관점에서 본 도시 공공환경에 관한 연구
2018	홍덕기	벽의 단면적 사고를 통한 건축공간구성 교육모델 개발에 대한 연구
2021	정경준	지속가능한 도시재생을 위한 회복력 진단지표 개발 및 적용에 관한 연구

석사논문		
1998	한만경	베로나의 라피데리움 박물관과 정원에 관한 디자인 접근에 관한 연구
	이태상	무대의 몽타주적 수법을 이용한 건축적 접근에 관한 연구
	전유창	도시의 맥락적 재해석을 통한 건축디자인 사고에 관한 연구
2000	임정호	건축의 시적 표현과 재현에 관한 연구
	설형진	숭고미와 집합적 기억 이론에 근거한 알도 로시의 도시건축에 관한 연구
	김진철	현대 건축에서 나타나는 구조주의적 특성에 대한 연구
	배영삼	건축 디자인에서 도시 경험의 영화적 재현에 관한 연구
	강민수	탈 근대건축에서의 지역주의 경향에 관한 연구
2001	홍덕기	경계'의 의미고찰을 통한 건축 디자인 접근에 관한 연구
	윤태준	접기(Folding)개념의 건축적 적용을 통한 설계 접근에 관한 연구
	권형표	인천 구도심의 재조직을 위한 디자인 접근에 관한 연구
	서창범	지각적 체험공간의 이해를 통한 건축 디자인 접근에 관한 연구
	복갑수	홀로니즘을 통해서 본 도시건축 디자인 접근에 관한 연구
2002	장익수	장국 랴오닝(遼寧)성 따리엔(大連)시의 탈-식민(脫-植民) 도시 공간에 관한 연구
	권성근	증폭된 현실을 바탕으로 한 건축디자인에 관한 연구
	남지현	현상학적 경험관에 근거한 도시공간 디자인 접근에 관한 연구
	최윤영	동양화 구도론에서 나타나는 건축 공간의 재현 방법에 관한 연구
	유용현	내부도시의 비판적 재구축을 위한 디자인 접근에 관한 연구
2003	김태중	한글 타이포그래피의 조형적 특성을 이용한 건축 기초조형 교육 모델개발에 대한 연구
	조혜진	건축공간구성을 위한 기초교육모델 개발에 관한 연구
	장용태	은유구조의 건축적 적용을 통한 디자인접근에 관한 연구
	강 욱	현대도시에서의 공공성(Public) 및 공공 영역(Public Shpere)의 재해석을 통한 디자인 접근에 관한 연구
2004	김종현	건축 디자인에 있어서 만화의 구조적 특성 적용에 관한 연구
	김남환	팔림프세스트(Palimpsest)의 유추를 통해서 본 역사적 대지에 대한 건축적 개입에 관한 연구
	정용재	A.L 바라바시의 척도없는 네트워크 개념 분석을 통한 현대 도시 해석 및 건축적 접근에 관한 연구
	신주용	알도 반 아이크의 '호혜성' 개념을 통한 건축 디자인 접근에 관한 연구
	하경우	현대도시의 잡종화 현상에 대한 건축적 사유와 간섭에 관한 연구
	최호준	UEC(Urban Entertainment Centers)개념을 도입한 도시 복합쇼핑센터 디자인에 관한 연구

석사논문		
2005	김진석	현대 도시 서울에서 역공간의 재해석을 통한 디자인 접근에 관한 연구
	선주용	현대 도시에서의 뮤지엄 건축의 패러다임 분석에 관현 연구
	이윤희	현대도시에서 공공성을 반영하는 인지지도와 이를 토대로 한 디자인에 관한 연구
	소용수	바닥면의 경사(傾斜)화를 통한 건축 디자인 접근에 관한 연구
2006	최해안	도시성의 재발견을 통한 페마주시티 이론의 제안
	박종대	패브리케이션의 개념으로 본 건축 외피의 다중적 특성에 관한 연구
	조경훈	타자와의 소통공간으로서의 몸 인식을 통한 건축적 접근에 관한 연구
	윤새봄	공공영역 확장의 관점에서 본 현대 도시 뮤지움의 재해석에 관한 연구
	이주석	건축 구성 요소의 부분적 치환과 변용을 통한 건축 공간 재구성에 관한 연구
2007	김정섭	대지의 인식적 매핑(Mapping)을 통한 디자인 접근에 관한 연구
	심경아	Mobility 개념의 변화를 통한 현대 도시공간의 재해석 및 적용 가능성에 관한 연구
	김순주	대학 캠퍼스 주변지역 가로 공간 개선에 관한 연구
	남건욱	경계공간으로서의 워터프론트에 대한 디자인 접근에 관한 연구
	이정학	애브젝션의 승화의 개념을 통해서 본 도시혐오시설에 의해 단절된 장소에 대한 건축적 개입에 관한 연구
	이종훈	인천 구도심지역의 내러티브를 반영한 장소의 문맥 형성에 관한 연구
	정기욱	문학적 환상성의 개념을 통한 비정형건축의 형태적 특성에 관한 연구
	한상환	현대도시의 개신교 교회건축에서 나타나는 공공영역에 관한 연구
	이인아	건물 표피의 조작을 통한 건축의 공공성 확보에 관한 연구
	원태용	시장공간의 재해석을 통한 공공영역의 활성화에 관한 연구
	장재경	현대 도시건축에서 나타나는 프로그램적 유형 변이를 바탕으로 한 디자인 접근에 관한 연구
2008	김정희	도시 경계상황에 대한 한국적 이해를 반영한 건축 디자인 접근에 관한 연구
	백상훈	마스커레이드의 개념을 통한 생산적 도시의 틈에 대한 연구
2009	이해욱	건물의 생애주기 관리를 통해서 본 현대적 장소의 가치 변화에 대한 연구
	이영민	인문학적 관점으로 본 도시공간에서의 신-구 영역 사이의 충돌현상에 대한 연구
	박성경	여성 신체의 유추를 통한 도시 공간 소통회복에 관한 연구
	이승연	현대건축에 나타나는 알레고리적 특성에 관한 연구
	최영철	현대건축에서 메타모포시스(유기체의 변이) 개념의 디자인적 적용에 관한 연구
	한재규	랜드스케이프 건축을 통한 도시 공공 공간 구현에 관한 연구
	박상미	역사성의 발굴을 통한 장소성의 건축적 재현에 관한 연구
	장 영	수복의 개념으로서 도시재생 과정에서 커뮤니티 활성화 방안에 대한 연구
2010	성홍철	시공간의 개념을 반영한 띄워 올린 건축에 관한 연구
	임규섭	환경 인프라스트럭처의 재활용을 통한 도시 유휴공간의 도시적 연계에 관한 연구
	조인동	현대 건축 표피의 감성적 인식을 위한 디자인 접근에 관한 연구
	최 준	도시 근대 산업유산의 문화적 재생을 통한 커뮤니티 활성화 방안에 관한 연구
	강대명	피터 줌터의 건축에서 보여지는 심상의 공간과 프루스트 현상의 상관관계에 관한 연구

석사논문

연도	이름	논문 제목
2011	윤석필	데페이즈망(Depaysement)기법의 도시 공간 디자인 적용에 관한 연구
	이경호	현대건축의 비물질화에 따른 가변운 건축의 표피에 관한 연구
	권기영	테란바그(Terrain Vague)의 장소성 구현 방법에 관한 연구
	박우영	아르토의 잔혹연극론과 현대도시 공간구조의 상관성 분석에 관한 연구
	김대순	사회적 공간의 작용 및 차원의 해체를 위한 역파놉티콘화 구현에 관한 연구
	추 석	A.L.Barabasi의 척도없는 네트워크 분석을 통한 현대 도시의 분석 및 공간적 연계와 소통에 관한 연구
	안지현	랜드스케이프 어바니즘 이론을 기반으로 한 구도심 경관 재생 방안에 관한 연구
2012	서형석	생성 기반 파라메트릭 알고리즘의 건축적 적용에 관한 연구
	소윤아	장누벨의 '사라짐의 미학'에서 나타나는 건축의 비-물질성에 관한 연구
	김정숙	창조도시 관점에서 바라본 기존산업시설의 재생에 관한 연구
2013	허준화	도시 인프라스트럭처의 재해석을 통한 생태적 공공영역 구축에 관한 연구
	최기석	정동 지역의「 장소성 인식의 틀」 구현을 위한 디자인 접근에 관한 연구
	신은경	소설기법의 적용을 통한 건축에서의 내러티브 구축에 관한 연구
	김초록	모순적인 프로그램의 삽입을 통한 장소성 구현에 관한 연구
2014	정경준	생태적 공공성의 개념을 통한 지속가능한 커뮤니티 형성 방법에 관한 연구
	김소라	소실된 역사적 장소의 현대 도시 맥락적 연계를 위한 건축적 재현에 관한 연구
	김정은	현대 도시 내 다층적인 경계공간의 재조직을 통한 공공영역 구축에 관한 연구
	김승환	도시 유휴 산업시설의 리노베이션을 통한 '제3의 장소(The Third Place)' 창출에 관한 연구
	이동균	도시 테란바그의 '이질성'이 가지는 타자성 부각을 통한 건축의 장소성 구현에 관한 연구
	손 로	밀리우(Milieu)'개념의 도입을 통한 대도시권 교외지역 도시화에 관한 연구
	전석환	장소의 역사 지리적 탐색을 통한 건축적 재현 과정에 대한 연구
2015	강수정	건축 디자인 기법으로서 '낯설게 하기'를 통한 도시재생에 대한 연구
	박미주	도시의 역사적 콘텍스트의 재해석을 통한 장소성 재현에 관한 연구
	송미정	대지의 역사적 내러티브 구축을 통한 잠실 올림픽 경기장의 주변의 역사문화공원 조성방안
	김 파	소설 '변신'의 알레고리적 해석을 통한 서울 구의 취수장 재생방안에 대한 연구
2016	김한빛	건축적 풍자를 통한 도시성 회복에 대한 제안
	박경은	스케이프(Scape)의 담론을 토대로 한 서울성곽과 북정마을의 상호개입에 관한 연구
	박혜영	행복주택의 주거환경에서 소셜믹스의 적용에 관한 연구
	허아린	서울 9호선 방이역 지하철 역사(驛舍) 디자인을 통한 도시 텍스트의 재코드화에 대한 연구
	강민식	협력적 공유사회 구현을 위한 도시 디자인 접근에 관한 연구
2017	하태영	한스홀라인의 건축에 적용된 비엔나의 도시성 및 '이접적 종합' 개념에 관한 연구
	허강무	밀러주택을 통해서 본 조제 우브러리의 지역주의 건축에 대한 연구

석사논문

연도	이름	논문 제목
2018	김서정	공간의 임의적 관계 구성을 통한 공공화장실의 재의미화에 대한 연구
	박상일	동대문성곽공원의 도시의 현재성 개입을 위한 지하 공간 개발에 대한 연구
	전원표	공유의 공간개념을 적용한 주민센터 제안에 대한 연구
2019	박광현	도시 유휴 보이드의 문화적 재생에 관한 연구
	오진영	지하철역사 공간네트워크의 타당성 검증을 위한 생체 모방 기법의 적용 가능성에 관한 연구
	김수경	이문동 철도차량기지를 활용한 문화적 도시재생 제안에 관한 연구
	김옥수	왕십리 경성궤도 부지의 도시재생방안에 대한 연구
	성미선	사회 생태적 도시 플랫폼 구축을 통한 용산 삼각지 재개발에 대한 연구
	옝소팩	1970 년대 이후 버려진 도시의 풍경 정체성과 새로운 크메르 건축 복원에 관한 연구
2020	김나연	도시콘텍스트의 관계성 재해석을 통한 충돌의 도시에서 장소성 구축에 대한 연구
	민 식	숭고미의 관점으로 본 산업유산재활용에 관한 연구
	이예슬	내러티브를 통한 유기된 도시 인프라 공간의 문화적 재활용에 관한 연구
	임지원	도시 교통 인프라스트럭처의 전용(轉用)을 통한 지역 공공공간의 재구축 가능성에 대한 연구
2021	유현석	종묘광장주차장 유휴 지하공간을 이용한 문화공간 구축에 관한 연구
2022	신규식	역사의 감각적 활용을 통한 광희문 주변 성곽 복원에 관한 연구
	정석우	도심공동화에 따른 초등학교의 변용에 관한 연구
	김예슬	영등포공원의 재해석을 통한 영등포역 배후광장조성에 관한 연구
	진채린	내러티브와 스토리텔링의 개입을 통한 현대 건축 프로그램 구성에 관한 연구
	최선형	근대 회화와 공간구성의 관계성 분석을 통한 건축 교육에서 공간 구축에 관한 연구
	김예은	경계 상황 재현의 도구로서 '포셰(Poché)'에 내포된 다의성의 건축적 적용 가능성에 관한 연구
2023	김강현	도시 인프라스트럭처의 통합적 연계를 통한 생태적 공공성 회복에 관한 연구
	정광혁	랜드스케이프 어바니즘의 견지에서 경계상황의 재구성을 통한 도시재생에 관한 연구
	김다빈	수몰지구 기억의 환기를 통한 장소성 구축에 대한 연구

Factory Member (1996-2023)

한만경 이태상 전유창 임정호
설형진 김진철 배영삼 강민수
홍덕기 윤태준 권형표 서창범
복갑수 장익수 김준모 권성근
남지현 최윤영 유용현 김태중
조혜진 장용태 서현정 하경우
강　욱 김종현 김남환 정용재
김대선 김정섭 신주용 최호준
최은주 김진석 선주용 성주애
이윤희 최해안 김지운 소용수
이해욱 박종대 조경훈 김정희
윤새봄 심경아 김순주 이주석
남건욱 이정학 이종훈 정기욱
한상환 이인아 원태용 백상훈

장재경 이영민 박성경 이승연
최영철 한재규 박상미 장　영
Gorkovenko 김용해 성홍철
임규섭 조인동 강대명 김지현
허준화 최　준 윤석필 이경호
권기영 박우영 김대순 추　석
안지현 서형석 소윤아 김정숙
최기석 신은경 김초록 정경준
김소라 김정은 김승환 이동균
손　로 전석환 강수정 박미주
송미정 김　파 김한빛 박경은
박혜영 허아린 강민식 하태영
허강무 김서정 박상일 전원표
박광현 오진영 김수경 김옥수

성미선 김나연 Yeng Sopheak
민　식 이예슬 임지원 유현석
김예은 신규식 김예슬 진채린
최선형 정석우 김강현 정광혁
김다빈

꿈을 위해 고난을 감내하는
제자들의 한결같은 열정에 찬사를 보내며,
제자이고 동료이자 또한 내 스승이 되어 준
그늘을 만나게 해수신
하나님의 섭리에 감사와 영광을 드린다.

Special Thanks to_factory를 아껴주시는 분들

이용호 (주. 행림건축 회장)
김시춘 (이토건설 회장)
전진삼 (와이드 AR 발행인)
서을호 (서 아키텍츠 대표)
김경하 (도레기획 대표)
Yi, Eui Sung (Partner, Morphosis, USA)
Yeon, Dukho (Partner, Meier Partners, USA)
Mayne, Thom (Partner, Morphosis, USA)
Burden, Alan (President, Structural Environment, UK)
Luchkova, Vera I. (Professor Emeritus / Pacific National University, Russia)
Mortamais, Elizabeth (Professor Emeritus / École Nationale supérieure d'Architecture Paris Val de Seine, France)
Seki, Kazuaki (Professor Emeritus, Kanto Gakuin University, Japan)
Samsonova, Evgenia M. (Dean, school of Architecture and Design/ PNU, Russia)

INVITATION

Professor K's Pedagogy for Design Studio

K교수의 건축수업

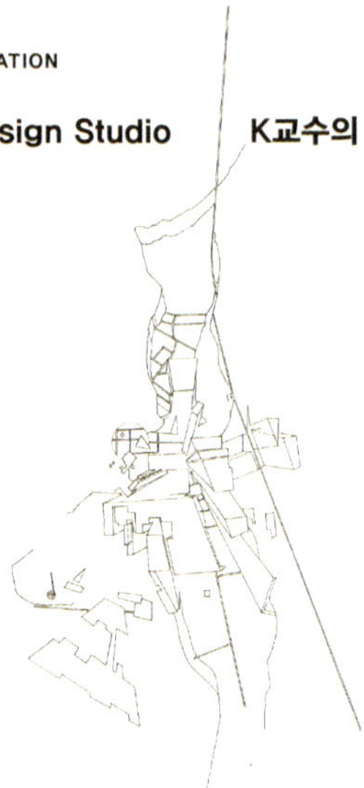

Participating Architects
Professor Koo. Youngmin and more than 100 of his Students

INVITATION

LOCATION
갤러리 반포대로5
서울특별시 서초구 반포대로 5

TIME
2023. 04. 11(화) – 04. 22(토)
오전 11시 – 오후 7시

OPENING RECEPTION
오프닝 리셉션
2023. 04. 15 (토) 오후 1시

전시팀 :

권형표 한만경 김태중 남지현 소용수 심경아 김나연

행사팀 :

이태상 김종현 정용재 이주석 안지현 송미정 전원표 허아린 유현석 신규식 정석우 김강현 정광혁

출판팀 :

전유창 유용현 홍덕기 장익수 정기욱 정경준 신규식 진채린 김다빈

인터뷰 :

박광현 성미선 김복수 김수성

찬조 작품 출품자

권순엽 김동규 김종철 김태우 김필수 김현주 김희호 문근종 박정란 백은정 성은정 신동근 심우영 우윤진 유상민 이민호 이상신 이영복 이준호 이혁수 장준수 전보근 정용기 정의엽 지창현 최주영

도움을 주신분들

이혁수 문근종 장준수 김현주 박정란 김기수 이준호 심우영 이민호 이영복 김동규 성은정 안세혁 김필수 유상민 이상신 김희호 김종철 박상영

인하대 건축학부 총동문회 (주)토문건축사사무소 (주)태영건설

HSnK 건축사사무소